어그러진 **도시**

무엇이
우리의
출퇴근을
힘들게
하나

THE DISTORTED CITY

김지수 지음

오늘도 출퇴근에 지친 여러분께

머리말

2015년에 대구에서 인턴을 한 이후 6년 만에 다시 대구에서 직장을 잡아 출퇴근을 하게 되었다. 2015년 당시나 2021년이나 여전히 대구시청 별관으로 출퇴근을 하게 된 까닭에 다시 같은 곳으로 출근하는 건 그렇게 고된 일이 아닐 것이라 생각했다. 대구시청 별관이 그 사이에 집에서 2.5km 정도 더 멀어지긴 했지만, 옮긴 곳의 교통 여건도 그렇게 나쁘진 않았기 때문이다. 하지만 그 2.5km를 더 가기 위해서 대중교통 안에서 20분을 더 보내야 한다는 걸 체감하고 난 뒤 뭔가 잘못되었다는 걸 깨닫기 시작했다.

바꾸어본 출퇴근 경로만 한 3번쯤은 되었을 것이다. 그럼에도 대중교통을 이용한다는 조건에서는 출퇴근 시간은 거의 단축되지 않았다. 편도 10km에 1시간, 그나마 자가용을 이용하면 35분, 자전거를 이용하면 40분 정도였다. 고심 끝에 원래 출퇴근 시간이 이렇게 길고 힘든 게 정상인 건가 싶어서 한국의 출퇴근 시간 평균은 어떤가 싶어서 찾아봤더니 대중교통을 이용하면 길고, 자가용을 이용하면 오히려 짧은 편이었다. 그렇다면 전 세계를 놓고 보면 어떨까 싶어서 여러 나라의 출퇴근 시간 관련 자료를 찾아보았다. OECD 통계를 찾아보니 한국이 단연 압도적인 1위였다.

그렇다면 그 출퇴근 시간은 어디에서 나왔을까? 대학원에 다닐 때와 비교해 나의 시간 활용 실태를 대충 추론해 보았다. 대학원에 있을 때는

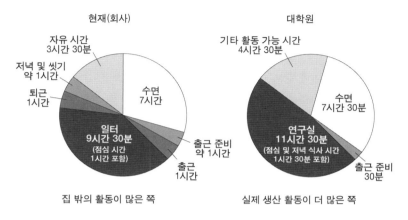

그림 0-1 취업 후와 대학원에서의 시간 활용 비교

현재(회사)

자유 시간
3시간 30분

저녁 및 씻기
약 1시간

퇴근
1시간

수면
7시간

일터
9시간 30분
(점심 시간
1시간 포함)

출근 준비
약 1시간

출근
1시간

집 밖의 활동이 많은 쪽

대학원

기타 활동 가능 시간
4시간 30분

수면
7시간 30분

연구실
11시간 30분
(점심 및 저녁 식사 시간
1시간 30분 포함)

출근 준비
30분

실제 생산 활동이 더 많은 쪽

기숙사에서 뛰쳐나가면 연구실까지 3분 만에 들어왔으므로 출퇴근 시간이 사실상 없다고 가정해 보니 일터나 연구실에 있는 시간은 1시간 30분, 집이나 기숙사에 있는 시간은 30분이나 줄었다. 특히 집 밖에 있는 시간은 회사에 있을 때가 더 길었지만, 오히려 생산 활동에 투여하는 시간은 대학원에 다닐 때가 훨씬 많았다. 일정의 탄력성에도 문제가 생겼다. 연구실에 있었을 때는 탄력적으로 연구실에 있는 시간을 조정할 수 있었다. 반면, 직장에서는 한두 시간만 더 있더라도 다음 날 일정에 지장이 생기기 쉬웠다.

실태가 있으므로 출퇴근 시간이 길어지는 원인과 장시간 출퇴근으로 인한 결과가 있으리라 생각했다. 다행스럽게도 그간 글과 데이터로만 봐왔던 자료와 의문 들이 실질적으로 체감이 되고 연결되기 시작했다. 운수 산업의 비용 구조를 몰랐다면 단순 대중교통을 늘리면 되는 것 아닐까 하고 생각이 그쳤을지 모르겠다. 한국인이 유달리 이동 횟수가 적다는 사실을 몰랐다면 출퇴근 시간이 긴 문제가 어디에 영향을 주었을지 처음부터 찾아봐야 했을 것이다. 이외에도 다른 과거의 연구들을 찾아서 해당 부분을 보강할 수 있었다.

물론, 아직도 해당 내용에 대해서 출간하는 게 잘 판단한 건지에 대한 의문이 남아 있다. 이 책에서 거론하는 것들, 특히 결과와 달리 원인은 연구가 완료되었다기보다는 연구가 시작되어야 하는 부분에 가깝다. 연구를 더 해서 연구 성과를 내보는 게 개인적으로도 의미가 있을 것이고, 다른 사람에게도 더 탄탄하고 설득력 있는 논리를 갖게 되지 않을까, 연구가 덜 된 만큼 이를 설명하고 푸는 데 있어 언어적으로 오해를 일으킬 소재도 있지 않을까 하는 생각이 많이 남아 있다. 섣부르게 너무 큰 담론을 건드리는 건 아닌지 하는 두려움도 있다.

그럼에도 이 책을 출간하기로 한 것은 아이러니하게도 담론 자체가 너무 크기 때문이기도 하다. 혼자서 여기에서 파생될 연구를 다 소화하려면 오랜 시간이 걸릴 것으로 생각된다. 하지만 사회적으로는 이미 현상에 대한 논의가 진행되고 있으며, 어쩌면 해결책을 모색해야 하는 상황일지도 모르겠다. 또한 내가 관련 연구를 다 소화해 내고 논문으로 발표한다고 해서, 그 글이 사회 현상을 잘 설명할지 아닐지는 또 다른 이야기이다. 저자 본인에게는 가장 나쁜 소식이겠지만 아예 책에서 쓴 근거나 논리가 다소 잘못되어 있을 수도 있다. 그렇기에 이 책을 읽으시는 분들은 이 책의 내용이 '확실히 그렇다, 100% 맞다'를 주장한다기보다는 하나의 가능성을 제시한다는 것을 감안하고 읽어주시길 바란다.

이 책의 기본 내용은 2021년에 거의 짜여졌다. 그렇기에 출판하는 시점에서는 GTX-A의 남부 구간 사례와 같이 책에서 예측한 문제점들이 실제로 드러난 예도 있다. 일부 데이터는 책을 출판하는 시점에서는 오래된 감도 있다. 다만 책의 구성을 짜는 시점 전후로 코로나19로 인해 사회적 차원에서든 개인적 차원에서든 많은 사람들이 이동과 경제 활동 참여에 제약이 걸렸다. 때문에 이 기간 동안 수집되어 온 데이터는 그 이전에 우리가 익숙히 겪어왔던 상황에서 나온 데이터와는 다를 가능성이 있기에 부득이하게 오래된 데이터를 썼음을 밝혀둔다.

책에 담긴 상당수 위성 사진은 구글 어스의 것이다(Google Brand Requests 5-5265000035341). 이는 글로벌 플랫폼인 구글이 국내외 도시를 비교하기 유용하고, 대중에게 접근성과 인지도가 높기 때문이다. 사용에 제한이 있지만 사용을 허락해 준 구글 측에 감사의 말씀을 드린다. 국내 플랫폼의 경우 네이버지도만 제한적으로 사용했다.

마지막으로 책을 쓰는 데에 많은 도움을 준 분들께도 감사의 인사를 드린다. 이 책은 교수님과 연구실 선후배, 그리고 비슷한 연구 분야에 종사하는 동료와의 오랜 토론의 산출물이다. 이 문제가 사회적으로 심각한 문제라는 인식을 확인해 주고 관련 자료나 일러스트 작업을 도와준 여러 지인과 회사 동료의 도움, 많은 연구자들의 선행 연구들이 없었다면 이러한 결과물이 나오기 어려웠을 것이다. 이 책의 내용이 정말로 좋은 내용이라면 개인이 쓴 것이 아니라 사회가 쓴 것으로 남길 바란다.

김지수

차례

그림 차례

표 차례

제 1 장

한국의 이동 경제 보고서,
그리고 코로나19

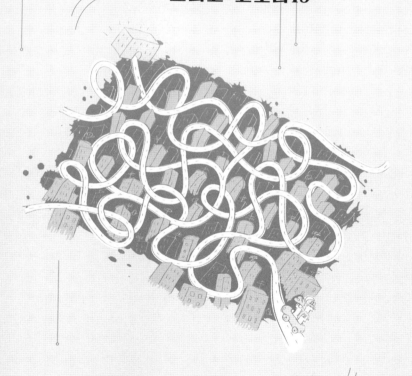

한국인의 연간 노동 시간은 2019년 1967시간에 달한다. 휴가 없이 매달 22일을 일한다면 하루 평균 노동 시간은 7시간 32분. 통근 시간 역시 상당히 길다. 서울 시민은 평균 95분을 출퇴근에 쏟고 있다. 경기 도민의 출퇴근 시간 역시 94분. 이들은 하루 평균 2.3회 이동한다.

　독일인의 연간 노동 시간은 1383시간에 불과하다. 주간 평균 노동 시간도 34.8시간, 주5일이라 가정하면 하루 7시간이 채 되지 않는다. 가장 큰 도시인 베를린Berlin의 통근 시간은 50분에 불과하다. 서울 시민들이 단 두 번, 즉 출퇴근에만 95분을 쓸 동안, 베를린, 함부르크Hamburg, 뮌헨München 일대의 시민들은 하루에 3.2~3.5번을 이동하는 데에 90분을 쓴다. 이들은 하루에 한 번꼴로 추가적인 경제 활동에 참여한다.

　경제 활동은 자기에게 주어진 자원을 분배, 소비해 효용을 얻는 행위를 뜻한다. 직장에서 일하는 것은 본인에게 주어진 시간 및 노동력(자원)을 투여(소비)해 돈(효용)을 얻는 행위로 말할 수 있다. 이러한 효용은 금전적인 것만 해당하지 않는다. 만약 길을 지나가다 자선냄비를 보고 1만 원을 기부한다면 이는 금전적으로는 손실일 수 있다. 하지만 돈을 기부하고 얻게 되는 행복의 가치가 1만 원보다 크다면 이것은 효용의 관점에서는 이득이 된다. 이러한 효용과 비용의 차이를 후생이라고 하며, 사람은 이러한 후생을 최대한으로 키우려고 한다. 경제가 성장한다는 것의 본질도 금전적으로 부유해짐을 의미하는 것이 아니라 이러한 개개인이 느끼는 후생의 총합이 증가함을 의미한다.

교통은 사람과 물자의 이동을 일컫는 말이다. 이 개념은 원시 시대의 인류부터 존재해 왔고, 로마와 페르시아의 가도 정비, 수나라의 대운하와 같이 고대 사회에서도 대규모로 교통망을 정비해 이동을 편하게 한 사례가 존재한다. 최근 들어 해당 분야가 과거보다 더 많이 다루어지는 이유는 인류 사회가 발전하면서 물자와 사람의 이동이 과거보다 대량으로 이루어지기 때문에 이를 조절할 필요가 발생했기 때문이다.

이동이라는 것 또한 경제적 목적에서 이루어진다. 이동하는 것이 이동하지 않는 것보다 효용이 크기 때문이다. 쉽게 생각해 보자. 친한 친구가 한 명 있고 상대하기 싫은 직장 상사가 한 명 있다고 생각하자. 친한 친구가 휴일에 급작스레 밥을 사주겠다고 보자고 하면 특별한 일정이 없다면 만나러 나갈 가능성이 작지 않다. 하지만 직장 상사, 특히 이 직장 상사가 승진과 관련이 없는 악덕 상사라면 나가지 않을 가능성이 매우 높다. 전자는 비용 대비 효용이 많고 후자는 비용 대비 효용이 적은 것이다. 즉, 이동은 시간 등을 쓰면서 공간을 이동시키는 효용이 가만히 있는 것보다 클 때 발생하며, 이동을 다루는 교통은 시공간의 경제학과 밀접한 관련이 있다.

한 사람의 이동이 잦다는 것은 더 왕성하게 경제 활동에 참여한다는 뜻이 된다. 예로 들면 출근과 귀가(퇴근)만 하면 생산 활동과 가사 활동에만 참여하지만, 장을 보기 위해 한 번을 더 움직이면 하루에 소비 활동까지 하게 된다. 이를 경제학적 관점에서 보면 이동이 잦은 것은 개인

단위에서는 본인이 더 많은 경제적 후생을 누릴 수 있다는 뜻이고, 국가 단위에서 보자면 같은 수의 사람으로 더 효율적인 경제 활동이 일어나는 시스템을 갖추었다는 뜻이 된다.

서두의 문단들을 다시 보자. 독일의 대도시 시민들은 한국의 대도시 시민들보다 약 1회 더 이동한다. 그렇다고 총이동 시간이 한국보다 더 길지도 않다. 이동 수단의 관점으로 보더라도 베를린 시민은 총이동 횟수의 18%를 자전거로 다니며, 또 다른 30%는 걷는 등 한국인보다 더 느린 교통수단에 의존한다.[1] 이는 독일인이 한국인보다 더 효율적으로 움직인다고밖에 말할 수 없다. 이 측면에서 보았을 때는 독일의 경제가 한국의 경제보다 더 융성한 게 자연스러워 보인다.

단순히 이동 횟수가 많은 게 어떻게 국가 전체 경제에 영향을 끼치는지 보자. 기존의 거시 경제 모델에서는 노동력과 자본의 투입에 따라 전체 생산을 결정한다. 여기에 과학 기술력 등에 대한 부분은 총요소 생산성에 반영되어, 근래의 거시 경제 모델은 다음의 함수로 설명한다고 해도 크게 어긋나지 않는다.

$$총생산 = 총요소\ 생산성 \times 노동력^{\alpha} \times 자본^{\beta}$$

1   Regine Gerike, Stefan Hubrich, Frank Ließke, Sebastian Wittig, Rico Wittwer, "Mobilitätsdaten - Forschungsprojekt 'Mobilität in Städten - SrV 2018' "(Dresden: Technische Universität Dresden, 2018).

그런데 적어도 생산 부문에 있어서 한국은 1인당 노동력 투입은 최고다. 한국인의 일하는 시간은 2019년 기준 1967시간으로 OECD 평균인 1743시간보다 12%나 많다.[2] 총요소 생산성과 연관된 과학 기술력의 투입도 엄청 많다. 같은 연도 기준으로 한국의 R&D 투자는 전체 GDP의 4.6%를 투입하며 이는 OECD 국가 중에서 이스라엘(5.1%)에 이어 2위이고, OECD 평균인 2.5%보다 훨씬 많다.[3] 이를 방증하듯 한국 제조업 종사자의 1인당 부가 가치는 2018년 기준 무려 10만 달러로 독일이나 일본보다도 더 많다.[4] 적어도 보편적으로 알려진 생산의 관점에서 한국이 문제를 가지고 있는 게 아니다.

그렇다면 이동 횟수는 경제에서 어떤 지표로 드러날까? 역설적으로 코로나가 이것이 어떻게 경제에 연결되는지 보여주었다. 코로나19 팬데믹 동안 세계 각국의 경제 활동이 위축되었지만, 이는 코로나 자체가 후생을 직접적으로 갉아먹은 게 아니라 세계 여러 나라들이 방역을 위해 이동을 통한 여러 경제 활동의 참여를 심각하게 제약했기 때문이다. 대표적으로 런던London의 시민들이 하루 평균 이동하는 횟수는 평균 3회였지만,[5] 코로나19가 확산하면서 2.25회로 감소해 사회 전반적으로 이동이 크게 위축되었다.[6]

---

2   OECD, "Average annual hours actually worked per worker."

3   OECD, "Gross domestic spending on R&D."

4   World Bank, "Manufacturing, value added (current US$)."

5   Transport for London, "Travel in London Report 12"(2019).

6   Transport for London, "Travel in London Report 14"(2021).

서유럽의 경우 전반적으로 이동량이 많다. 독일 베를린 시민의 하루 평균 이동 횟수는 3.5회, 영국 런던의 경우도 하루 3회, 프랑스의 일드프랑스île-de-France[7]는 기준이 다르나 수단별 통행량, 즉 다른 교통수단으로 갈아타는 환승을 별도로 쳐서 하루 3.5회 이동한다.[8][9] 이동이 잦다는 것은 사람을 만나는 빈도도 더 높다는 뜻이므로, 서유럽에서 확진자가 폭증한 이유도 '더 많은 사람을 만나는 경제 시스템이 구축되어서지 않을까?'라는 추론도 끌어낼 수 있다.

그러면 서유럽의 관점에서 한국을 보자. 한국의 일평균 이동 횟수는 수도권 기준 2.3회에 불과[10]해 코로나19가 확산된 당시의 런던과 비슷한 수치를 보여준다. 서유럽에서 볼 때는 한국의 평상시 경제 활동이 코로나19 상태와 비슷하게 보일 것이다. 일본도 한국과 비슷하다. 코로나 이전 도쿄東京권 일대 시민들의 이동 횟수는 하루 2.0회에 불과하다.[11] 우리가 볼 때는 서유럽 국가들이 방역이 실패한 것 같지만, 반대로 서유럽에서는 한국과 일본이 방역에 성공했다기보다 평상시의 경제 활동이

---

7   파리(Paris) 및 그 주변 지역, 한국의 수도권에 상응한다.

8   Atelier parisien d'urbanisme, "Évolution des mobilités dans le Grand Paris Tendances historiques, évolutions en cours et émergentes"(2021).

9   런던의 경우가 수단별 통행량을 별도로 치면 3.5회/일에 해당한다. Transport for London, "Travel in London Report 12"(2019).

10 한국교통연구원, "여객통행실태 Index book(우리나라 국민 이렇게 움직인다)" (2018.6.1).

11 国土交通省 関東地方整備局, "[記者発表資料] 総移動回数が調査開始以来, 初めて減少"(2019.11.27).

왜 저렇게 저하되어 있는지 궁금해할 것이다.

왜일까? 다시 살펴보자. 이동은 시간을 지불하면서 공간을 이동시키는 경제 행위이다. 만약 이동할 시간 자체가 부족하다면? 또는 이동 거리 자체가 길어야 한다면? 제아무리 좋은 교통망을 갖추었다 하더라도 쓸 사람은 줄어들 것이다.

즉, 시공간의 활용이 문제다. 인적 자본의 투입으로 대표되는 노동력은 단순하게 일하는 시간만을 의미하지 않는다. 소매상들이 아무리 가게 문을 오래 열더라도 소비자가 소비할 시간이 없으면 소매상들의 시간당 생산성은 감소할 것이다. 공간, 과거에는 토지라고 불렸던 이 경제의 3대 요소는 앞서 언급한 총생산성 식에서 무시되는 것처럼 보인다. 하지만 위하이둥(Yu Haidong) 외 3인[12]은 중국 내 30개 도시의 공간 구조를 비교하며 도시가 압축적일수록 도시의 총요소 생산성이 높다는 결론을 도출해 내었다. 이는 결국 공간의 활용이 압축적일수록, 그에 따라 이동에 대한 시간 투자가 적어질수록 경제가 더 번영한다는 것을 의미한다.

다시 한국의 상황을 보자. 베를린 사람들이 하루에 50분이면 출퇴근을 해결할 동안 수도권 주민들은 하루에 90분을 출퇴근에 쏟는다. 길에서 시간과 체력을 낭비하니 다른 경제 활동이 더 일어나기 힘들다. 결국 이동의 문제가 사회 활력을 저하한다. 이 문제의 원인이 교통망이 부족

---

12   H. Yu et al., "Urban total factor productivity: Does urban Spatial structure matter in China?" *Sustainability*, 12(1), 214(2019), pp. 1~18.

해서인지, 도시 구조가 효율적인 교통망을 갖추기 어렵게 해서인지, 현재의 도시 인프라가 우리 사회에 맞는 옷인지 한 번 전반적으로 점검할 필요가 있다.

참고문헌

한국교통연구원. 2018.6.1. "여객통행실태 Index book(우리나라 국민 이렇게 움직인
다)". https://www.ktdb.go.kr/common/pdf/web/viewer.html?file=/DA
TA/pblcte/20200824025919441.pdf(확인일: 2023.5.15).

国土交通省 関東地方整備局. 2019.11.27. "総移動回数が調査開始以来, 初めて減少."
https://www.tokyo-pt.jp/static/hp/file/press/1127press.pdf(확인일:
2023.1.17).

Atelier parisien d'urbanisme. 2021. "Evolution des mobilites dans le Grand
Paris Tendances historiques, evolutions en cours et emergentes."
https://www.apur.org/fr/nos-travaux/evolution-mobilites-grand-
paris-tendances-historiques-evolutions-cours-emergentes(확인일:
2023.5.19).

Gerike, R., Hubrich, S., Ließke, F., Wittig, S., & Wittwer, R. 2019. "Mobil-
itätsdaten - Forschungsprojekt 'Mobilität in Städten - SrV 2018'."
Dresden: Technische Universität Dresden. https://www.berlin.de/
sen/uvk/verkehr/verkehrsdaten/zahlen-und-fakten/mobilitaet-in-
staedten-srv-2018/(확인일: 2022.5.16).

OECD. "Average annual hours actually worked per worker." https://stats.
oecd.org/Index.aspx?DataSetCode=ANHRS#(확인일: 2022.5.16).

_____. "Gross domestic spending on R&D." https://data.oecd.org/rd/gross-
domestic-spending-on-r-d.htm(확인일: 2022.5.16).

Transport for London. 2019. "Travel in London Report 12." https://content.
tfl.gov.uk/travel-in-london-report-12.pdf(확인일: 2023.5.19).

_____. 2021. "Travel in London Report 14." https://content.tfl.gov.uk/travel-
in-london-report-14.pdf(확인일: 2023.5.19).

World Bank. "Manufacturing, value added (current US$)." https://data.world

bank.org/indicator/NV.IND.MANF.CD(확인일: 2023.5.15).

Yu, H., Y. Liu, J. Zhao, and G. Li, 2019. "Urban total factor productivity: Does urban Spatial structure matter in China?" *Sustainability*, 12(1), 214, pp. 1~18.

제 2 장

교통이 편리한 도시는
어떤 도시인가?

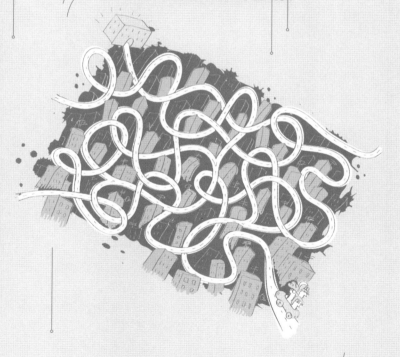

1 교통과 경제적 기회

이동 시간이 한국 사회의 문제라면 이를 줄이는 방법은 두 가지가 있다. 하나는 교통을 개선해 이동 시간을 단축하는 것이다. 다른 하나는 시설 자체를 옹기종기 모아서 내가 사는 곳 옆에 붙여놓는 것이다. 즉, 내가 빠르게 가거나, 시설이 나와 가까이 있거나이다. 이 중에서 가까이 있다는 건 이해하기 쉽다. 그렇다면 우리는 빠르게 가게 만들어주는 것, 즉 교통이 개선된다는 게 어떤 의미인지 알고 갈 필요가 있다. 교통이 개선된다는 것에는 빠른 교통망이 생긴다는 의미도 있지만, 요금의 인하나, 배차 빈도의 향상 등도 포함이 되어 있다. 그렇다면 우리는 앞의 것들을 종합해 교통이 개선되는 정도를 어떻게 평가할 것인가?

시간 가치

사람이 이동하기 위해 지불하게 되는 시간과 돈을 거리 마찰이라 한다. 이동은 이러한 거리 마찰을 극복하고 공간을 바꾸는 경제 행위이므로, 사람들은 되도록 이러한 거리 마찰을 최대한 줄이려고 한다.

예를 들어 〈그림 2-1〉과 같이 어떤 지역 A, B를 이동할 수 있는 옅은 회색 버스와 짙은 회색 버스가 있다고 하자. 옅은 회색 버스는 1500원만 내면 10분 만에 이동할 수 있지만, 짙은 회색 버스는 3000원을 내고도 20분이 걸린다면 사람들은 으레 옅은 회색 버스를 탈 것이다.

근데 만약 이 요금이 〈그림 2-2〉처럼 반대로 뒤집힌다고 생각해 보

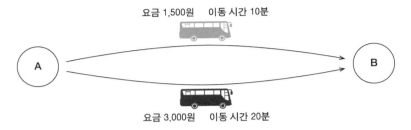

그림 2-1 A와 B 간을 오고 가는 두 가지 버스 중 느린 버스의 요금이 비쌀 때

요금 1,500원   이동 시간 10분

A   B

요금 3,000원   이동 시간 20분

자. 이제 옅은 회색 버스는 10분 만에 이동할 수 있지만 3000원을 내야 하고, 짙은 회색 버스는 20분이 걸리지만 요금이 좀 더 싸다. 그렇다면 이제 사람들은 돈 1500원을 더 내고 10분을 줄이는 게 의미가 있는지 고민에 빠지게 된다. 때문에 시간과 돈을 좀 더 직관적인 비교를 하기 위해서 보통 시간을 돈으로 환산하게 된다. 이를 시간 가치라고 한다.

이러한 시간 가치는 사람마다 달라질 수 있다. 만약 소득이 어느 정도 보장이 된 사람이라면 돈 1500원을 내고 이동 시간 10분을 줄이는 걸 쉽게 택할 수 있지만, 남자 중학생이라면 1500원을 아끼고 친구랑 PC방을 한 번 더 가는 걸 생각할지도 모르겠다. 심지어 같은 사람이라 하더라도 상황에 따라 달라질 수도 있다. 지각하면 들들 볶는 상사랑 일하는 직장인 김철수 씨가 B에 9시까지 출근을 해야 하는데 8시 45분에서야 A의 버스 정류장에 나왔다고 하자. 김철수 씨가 들들 볶이는 것을 좋아하는, 독특한 성향을 가진 사람이 아니라면 당연히 옅은 회색 버스를 탈 것이다.

하지만 이러한 사람의 모든 상황을 모두 반영할 수 없으므로 보통 시

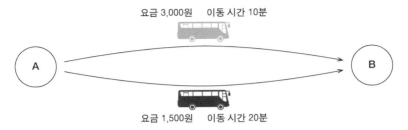

그림 2-2 A와 B 간을 오고 가는 두 가지 버스 중 빠른 버스의 요금이 비쌀 때

요금 3,000원   이동 시간 10분

요금 1,500원   이동 시간 20분

간 가치는 업무 목적 이동과 비업무 목적 이동의 두 카테고리로 나눈다. 업무 목적 이동의 시간 가치는 사장으로서는 일을 해야 할 사람이 길에서 시간을 허비하고 있으므로, 세전 시급[1]이 기회비용이 된다. 기준이 확실하므로 계산도 쉽다.

반면 출퇴근을 포함한 비업무 목적 이동의 시간 가치는 업무 목적에 비례한 값으로 추정하는데, 통상적으로 그 수치가 업무 목적보다 낮다. 세계은행World Bank은 업무 목적 이동에 대해서는 시간 가치를 시급의 133%를 적용하지만, 비업무 목적 이동에 대해서는 성인은 가구 소득 기준 시급의 30%, 어린이는 15%를 적용하는 등 가구 소득에 대한 기준을 이용해 개인의 소득보다는 더 낮은 시간 가치를 적용할 것을 권고하고 있다.[2]

---

1   정확히는 급여와 오버헤드라고 하며 오버헤드에는 퇴직 급여, 복리 후생비, 보험료 등 회사에서 분담하는 비용이 포함된다.

2   Kenneth M. Gwilliam, "The Value of Time in Economic Evaluation of Transport Projects: Lessons from Recent Research," World Bank, Infra-

비업무 목적 이동이라 할지라도 출퇴근 이동 시간이 더 높은 시간 가치를 가진다고 주장하는 연구도 있다. 한국교통연구원[3]은 행복 상실의 가치를 기준으로 삼을 때 출퇴근 1시간의 비용은 한 달 94만 원으로 잡았다. 한 달 22일 출근을 기준으로 잡으면 4만 3000원/시(2013)이 되어 가구 소득을 훨씬 뛰어넘는 시간 가치가 산출된다.

속도

속도는 공간을 얼마만큼 빨리 이동하느냐는 개념이다. 속도가 개선되었다는 것은 시간 비용을 줄여 거리 마찰을 줄였다는 뜻이다. 그러면 속도의 효과를 한 번 살펴보자.

〈그림 2-3〉의 가장 왼쪽 그림을 보자. 그래프의 가로축은 거리이다. 속도가 정해져 있다면 이동할 수 있는 거리는 시간에 비례하므로 거리는 곧 시간 비용이 된다. 세로축의 교통비는 개인이 지출할 수 있는 예산으로써, 시간 비용을 뺀 유류비, 톨게이트료 등 금전적으로 지출하는 교통비를 담당하는 예산, 또는 나의 지갑 사정을 의미한다.

이제 우리가 이동에 대해 지출할 수 있는 비용을 그래프에 나타내보자. 비용 곡선이라고 하는 이 선은 그래프에서 진한 선으로 나타낼 수

structure Notes, Transport Sector, Transport No. OT-5(1997).

3   한국교통연구원, "수도권 통근시간 1시간인 직장인 통근행복상실 월 94만 원" 2013년 9월 11일 자.

그림 2-3 속도가 빨라짐으로써 개인에게 주어지는 경제적 기회 공간의 변화

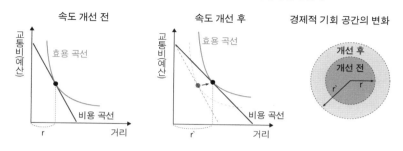

있다. 비용에 대한 곡선이 있다면 효용에 대한 곡선도 존재한다. 이 효용 곡선은 우리에게 같은 수준의 효용을 주는 점들을 이어주는 선으로 일종의 등고선이다. 최종적으로 비용 곡선이 정해져 있는 상황에서 가장 우리에게 큰 효용을 주는 지점까지 움직이게 된다. 즉, 반경 r이 내가 움직이는 생활 공간이 되며 여기서는 이 범위를 '경제적 기회 공간'이라고 하겠다.

하지만 이동 속도가 빨라진다면 그래프의 모양이 조금 달라진다. 교통비 인상이 없다면 사람들은 같은 시간을 들이고도 더 멀리 이동할 수 있게 되므로, 비용 곡선은 좀 더 완만하게 바뀐다(〈그림 2-3〉의 가운데). 따라서 최대의 효용을 낼 수 있는 지점이 좀 더 우측으로 이동하게 된다. 즉, 속도가 향상된다는 것은 개개인에게 좀 더 넓은 생활 반경을 부여할 수 있다는 뜻이며 지리적으로 주어지는 공간의 기회 역시 더 많아짐을 의미하게 된다(〈그림 2-3〉의 가장 오른쪽).

자가용이 이동성에 있어서 강력한 수단이 되는 것도 이와 비슷한 이유다. 첫째는 자가용은 나를 대문 앞까지 모셔준다는 것이다. 소위 문전

연결성이라고 하는 개념이다. 버스 정류장이든 지하철역이든 내 집 앞에 놓여 있을 확률이 낮다. 대중교통은 집에서 역과 정거장으로 걸어가는 시간이 거리 마찰에 큰 영향을 주게 되지만 자가용에서는 이러한 부분이 사라진다.

둘째로는 출발·도착 시간의 자유도 문제가 있다. 대도시 권역을 제외하면 원하는 시간대에 늘 대중교통 서비스가 있을 거라는 보장이 적다. 대도시일지라도 대중교통의 배차 간격이 10분 이상이면 환승이 중간에 끼이는 것만으로도 시간 손실이 커지는 경우가 많다. KTX나 SRT처럼 잦은 매진으로 인해 원하는 출발 시간보다 훨씬 이르거나 훨씬 늦은 시간의 교통수단을 이용할 때도 있다. 이처럼 대중교통을 이용할 때는 원하는 시간에 도착하기 위해서 출발 시간을 많이 앞당기거나 시간표를 외워서 다니거나 심지어는 이동을 포기하는 경우도 왕왕 일어난다.

셋째로는 망의 차이다. 아무리 잘 짜인 대중교통망이라도 시골 지역까지 대중교통을 공급하는 것은 힘든 반면, 자가용은 도로만 뚫려 있다면 어디든 갈 수 있다.

즉, 자가용보다 대중교통이 편리한 환경을 조성하는 건 꽤 어렵다. 대중교통이 더 편리한 대다수의 경우는 보통 차가 매우 오래 걸리거나 고속 철도처럼 대중교통의 이동 속도가 압도적으로 빠른 경우이다. 그렇다면 대중교통 정책은 포기하는 것이 옳은 것일까?

2 대중교통은 왜 필요한가?

언뜻 보기에는 대중교통이 자가용보다 열세인 교통수단이지만, 그럼에도 도시 당국들이 대중교통에 투자하는 이유는 다음과 같은 이점이 있어서다.

쉽게 떠올릴 수 있는 대중교통의 장점은 도시 공간의 활용이다. 〈그림 2-4〉는 25명 내외의 인원이 이동할 때 필요한 공간의 크기를 나타낸 비교다. 같은 인원을 수송하려면 일반 승용차보다 다른 교통 수단이 차지하는 공간이 훨씬 작다. 땅값이 비싼 도시에서 토지의 필요량이 줄어든다는 건 크나큰 장점이 아닐 수가 없다. 주차 공간의 문제도 있다. 자전거 또는 버스, 철도의 경우 주차 시설에 대해 도시 공간을 매우 작게 쓰거나 노선을 도시 바깥쪽으로 연장해 차고지 시설을 외곽으로 빼는 등의 전략을 쓸 수 있지만, 자가용은 그러한 전략을 쓸 수 없으므로 상당히 많은 주차 공간이 필요하게 된다. 때문에 실제로 개인 자가용에 요구되는 토지는 〈그림 2-4〉보다 훨씬 넓다.

하지만 대중교통의 장점은 단순히 도시 공간의 활용 문제에만 그치지 않는다. 대중교통의 최대 장점은 모든 계층을 경제 활동에 참여할 수 있게 한다는 점이다. 소득이 과거보다 늘어났어도 자가용은 여전히 비싼 물건이다. 모든 사람에게 자가용을 공급한다는 건 환경 문제 이전에 경제적인 문제가 걸림돌이다. 대중교통은 이러한 사람들을 경제 활동 영역에 끌어놓는다.

대중교통에 전혀 투자를 안 하는 (혹은 못 하는) 도시가 있다고 하자.

그림 2-4 25명 내외의 인원이 이동하는 데 필요한 공간의 크기

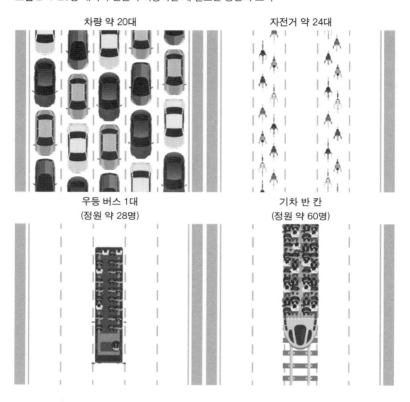

차량 약 20대

자전거 약 24대

우등 버스 1대
(정원 약 28명)

기차 반 칸
(정원 약 60명)

〈그림 2-3〉을 응용할 경우, 대중교통에 투자하지 않는 도시에서는 〈그림 2-5〉와 같은 그림을 그릴 수 있다.

이 경우 자가용을 구매할 수 없거나 운전을 할 수 없는 계층은 이동을 통한 경제 활동 참여가 불가능해진다. 하지만 제1장에서 말했듯 경제 활동은 단순하게 직장에서 돈을 버는 것만을 의미하는 것이 아니라, 문

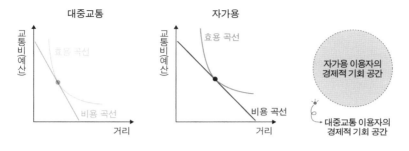

그림 2-5 대중교통이 없을 때 자가용 이용객과 대중교통 이용객의 경제적 기회 공간 비교

화 여가 시설의 이용, 쇼핑, 친지 방문 등등이 모두 경제 활동에 해당한다. 순수하게 자가용에만 의존하는 교통 정책은 학생, 노인, 여성, 장애인 등 교통 약자의 경제 활동을 위협하고, 이는 사회 전체적 효용의 총량을 감소하는 결과를 낳을 수 있다. 대중교통은 상대적으로 경제적 약자에게 이동의 기회를 부여해 이러한 문제를 방지하는 역할을 한다.

혼잡 지역에서의 대중교통, 그리고 다운스·톰슨 역설

다만 개개인이 아니라 사회 전체의 효용 측면에서 볼 경우, 대중교통이 더 공익에 부합하는지 조금 더 따져봐야 한다. 만약 자가용 운전자들이 창출하는 경제적 효용이 더 크고 거기서 나오는 효용을 분배해 교통·경제적 약자들을 충분히 지원할 수 있다면, 자가용 운전자를 지원하는게 합리적일 수도 있다. 반대로 대중교통의 활성화가 자가용에도 긍정적인 영향을 줄 수 있는데, 〈그림 2-6〉의 예를 보자.

그림 2-6 A에서 B로 총 1600명이 자가용 또는 대중교통을 이용하려고 할 때

자가용 이용: x명
소요 시간: 15+0.055x분

총 이동 수요: 1,600명

대중교통 이용: y명
소요 시간: 35-0.005y분

　A에서 B로 이동하려는 사람이 1600명이 있다고 가정하자. 자가용의 특징 중 하나는 이용하는 사람이 많으면 많을수록 차가 밀려서 소요 시간이 늘어난다는 것이다. 반대로 대중교통은 수도권의 출퇴근 시간처럼 극단적인 경우를 제외하면 사람이 많으면 많을수록 배차가 줄어서 소요 시간이 줄어들게 된다. 이를 반영하면 〈그림 2-6〉과 같은 자가용의 소요 시간 식과 대중교통의 소요 시간 식을 세울 수 있다.

　〈표 2-1〉은 〈그림 2-6〉의 현재 상황이 바뀔 때마다 사람들이 어떻게 대응하게 되는지를 정리한 것이다. 만약 모든 사람이 자가용을 이용하면 무려 103분이 걸리게 된다. 하지만 자가용 이용이 가능한 사람은 대중교통도 이용할 수 있는 선택적 이용자이므로 운전자들은 '자가용 이용과 대중교통 이용의 소요 시간이 같을 때까지' 차를 버리고 대중교통으로 이동하게 된다. 때문에 현재 상태는 자가용 이용자 240명, 대중교통 이용자 1360명, 소요 시간 28.2분이 현재 상태의 균형점이다.[4]

　여기서 도로 인프라가 개선된다고 하자(〈표 2-1〉의 도로 개선 ① 시나리

표 2-1 1600명 모두가 차를 사서 운전을 할 수 있을 때 자가용 및 대중교통 이용객 수 및 소요 시간의 변화
(단위: 분, 명)

시나리오	소요 시간 식		소요 시간		이용 인원	
	자가용	대중교통	자가용	대중교통	자가용	대중교통
현재 상태	15+0.055x	35-0.005y	28.2	28.2	240	1,360
대중교통 없음	15+0.055x	-	103.0	-	1,600	-
도로 개선 ①	5+0.025x	35-0.005y	32.5	32.5	1,100	500
도로 개선 ②	10+0.015x	35-0.005y	34.0	-	1,600	-
대중교통 개선	15+0.055x	30-0.005y	22.7	22.7	140	1,460
동시 개선	10+0.015x	30-0.005y	28.0	28.0	1,200	400

오). 자가용의 기본 소요 시간은 15분에서 5분, 차량이 늘어남으로써 추가적으로 걸리는 소요 시간은 한 대당 0.055분에서 0.025분으로 줄었다. 만약 자가용 이용자 숫자가 현재 상태와 변화가 없다면 자가용 이용자의 소요 시간은 11.0분이 되어 급격히 쾌적해진다. 하지만 대중교통 소요 시간이 17.2분이 더 걸리므로 대중교통 이용자가 점차 자가용으로 이탈, 최종적으로는 대중교통 이용자 수가 500명으로 63.2%가 감소할 때까지 옮겨 가게 된다. 최종적인 균형점은 자가용, 대중교통 모두 32.5분이 걸려서 개선 전보다 시간이 도리어 더 오래 걸리는 현상이 나타난다. 이를 '다운스·톰슨 역설'이라고 한다. 도로 개선 ② 시나리오는 좀 더 심각하다. 모든 사람들이 자가용을 이용하는 게 최적의 결과가 된

---

4   실제로는 버스의 착석 가능성 및 혼잡도, 짐의 여부, 주차 공간의 문제 등 여러 가지 요소가 자가용과 대중교통을 선택하는 데 영향을 주지만 여기서는 최대한 단순화했다는 것을 밝혀둔다.

다. 이때는 대중교통이 필요 없는 수단으로 취급될 것이다.

이번에는 대중교통에다가 투자한다고 가정하자. 대중교통의 기초 소요 시간이 35분에서 30분으로 줄어들면 자가용 이용자가 대중교통으로 넘어가므로 최종적으로는 5.5분이 줄어드는 효과가 나타난다. 즉, 대중교통 투자는 자가용 이용자에게도 그 이익이 돌아가며, 이를 '대중교통의 서비스 수준이 자가용의 서비스 수준을 결정한다'라고 표현한다.

동시 개선하면 어떻게 될까? 여기서는 현재 상태보다 0.2분만 짧아지는 데 그쳤으며 대중교통 이용자 중 약 1000명이 승용차 이용자로 바뀌었다.

물론 이는 단순한 시나리오이므로 실제 상황은 얼마든지 달라질 수 있다. 그러나 대중교통의 수혜자는 대중교통 탑승자뿐만 아니라 자가용 이용자도 포함된다는 것을 알 수 있으며 수혜자 부담 원칙을 따지면 대중교통을 세금으로 보조하는 것은 합당한 결론이다. 따라서, 대중교통은 단순히 대중교통 사업 자체의 흑자/적자를 따지는 것보다 이용의 편리성, 운영비의 조달 가능성, 타 경제 활동의 파급 효과 등을 고려해 적정 서비스 규모를 산출해 내는 것이 중요하다.

자가용을 이용할 수 없는 사람이 있을 때

이번에는 조금 더 현실적인 여건을 반영해 보겠다. 경제적으로 부유해진 오늘날에도 모든 사람들이 자가용을 사서 운전하지는 못한다. 운전 자체가 불가능한 장애인, 반응 속도가 느린 고연령층, 임금이 낮은 저소득층, 면허를 따는 것이 불가능하거나 높은 사고율로 보험료가 비싼 학생층, 상대적으로 면허 취득률이 떨어지는 여성, 동네에 주차장이 없는 사람 등 이 세상에서는 여러 가지 사유로 자가용을 운행할 수 없는 사람의 숫자도 매우 많다. 만약 1600명 중 800명만이 자가용을 실제로 운행할 수 있는 사람이면 〈표 2-1〉은 〈표 2-2〉와 같이 바뀌게 된다.

현재 상태와 대중교통이 개선될 때의 차이는 전혀 없다. 그러나 도로가 개선되는 경우 전혀 다른 결론을 도출할 수 있게 된다. 첫 번째, 도로 개선의 효과가 확실히 있다. 자가용을 이용할 수 있는 사람의 숫자가 800명으로 한정되므로 자가용 이용이 더 빨라도 자가용 이용자의 증가에 한계가 있다(물론 점진적으로는 자가용 이용자가 늘어날 수 있다). 평균 소요 시간 역시 시나리오별로 현재 상태보다 평균 0.2분(도로 개선 ①), 3.2분(도로 개선 ②) 짧다. 이렇게 보면 도로망 개선에 투자하는 것도 합리적으로 보인다.

두 번째, 다만 이러한 사회적 이익이 불균등하게 분배된다. 자가용을 이용할 수 있는 계층의 경우 도로가 개선될 때 시나리오마다 3.2분, 6.2분의 시간 단축 효과를 누린다. 그러나 자가용을 이용할 수 없는 계층은 2.8분의 시간 손실을 보게 된다. 이는 단순히 보면 경제적 약자의 시간 손실이지만, 좀 더 넓게 보면 경제적 약자들이 주어진 시간 내에 더 좁은 생활 반경을 가지게 되므로 경제적 기회 공간의 상실을 의미하게 된다.

하지만 이러한 불균등 분배가 꼭 나쁜 결과만을 낳는지는 고민해 볼 필요가 있다. 앞서서 말했지만, 상대적으로 경제적으로 윤택한 계층에

표 2-2 1600명 중 800명만이 차를 사서 운전을 할 수 있을 때 자가용 및 대중교통 이용객 수 및 소요 시간의 변화 (단위: 분, 명)

시나리오	소요 시간 식		소요 시간			이용 인원		경제 활동 참여 인원
	자가용	대중교통	자가용	대중교통	평균	자가용	대중교통	
현재 상태	15+0.055x	35-0.005y	28.2	28.2	28.2	240	1,360	1,600
대중교통 없음	15+0.055x	-	59.0	-	-	800	-	800
도로 개선 ①	5+0.025x	35-0.005y	25.0	31.0	28.0	800	800	1,600
도로 개선 ②	10+0.015x	35-0.005y	22.0	31.0	25.0	800	800	1,600
대중교통 개선	15+0.055x	30-0.005y	22.7	22.7	22.7	140	1,460	1,600
동시 개선	10+0.015x	30-0.005y	22.0	26.0	24.0	800	800	1,600

게 조금 더 넓은 경제 활동 공간을 부여하는 대신 이 사람들이 창출한 효용이 경제적 약자들의 손실보다 크다면 사회 전반적으로는 효용이 커진다. 또한 이러한 불균등 분배를 조세 제도와 사회 보장 제도를 통해 최종적으로 경제적 약자들에게도 더 많은 효용이 돌아가게끔 할 수도 있다.

다만 다음과 같은 문제도 있다. 첫째는 기술적 문제, 전기 자동차와 자율 주행차의 대두다. 이는 차량의 구매 비용을 상승시켜 차량 구매 가능 계층에서 밀려날 교통 약자의 수를 증폭시킬 가능성이 높다.[5] 둘째는 사회적 문제, 고령화와 인구 감소의 문제다. 한국은 생산 활동 참여 인구의 감소라는 문제를 맞고 있으며 이에 따라 경제 활력 저하 문제를 피

---

5   전기차와 자율 주행차에 관해서는 부록 2A와 2B에서 구체적으로 서술한다.

하려면 기존에 생산 활동 참여 비율이 낮은 계층, 특히 고령층을 일자리로 끌어들일 필요성이 있다. 고령층의 경우 신체적 활동 능력의 저하로 인해 운전이 어려우므로 자가용에만 의존하는 교통 체계에서는 이들을 주거지에서 생산 활동 지역까지 이동시킬 수단이 사라진다. 따라서 대중교통 개선을 통해 경제 활동 참여 계층을 늘리는 건 사회적·기술적 흐름에 따라 현재의 한국에 요구되는 사안이다.

그러나 현실적으로 대중교통을 무한정 공급하는 것은 비용의 문제로 쉽지 않다. 예로 들어 버스의 경우 대단히 노동 집약적 산업이기 때문에 서울시와 같이 준공영제를 시행하는 대도시에서는 운행 비용의 60~70%를 운전기사의 인건비로 지출하고 있다.[6] 즉, 경제가 발전해 임금이 올라갈수록 버스의 운행은 어려워진다. 도시 철도는 노선 하나의 건설에 조 단위의 돈이 들어간다. 결국 제한된 대중교통 공급에 최대한 많은 사람을 태워야 하는 효율 문제가 발생하며, 이는 자율 주행 시대가 도래해도 지금보다 완화될 뿐 똑같이 겪게 될 문제다.[7] 때문에 우리는 경제 활동 참여 계층을 늘리는 방향으로 사회 전체를 풍요롭게 하기 위해서는 대중교통 공급이 쉬운 도시를 설계하거나, 또는 개개의 주체들이 제한된 대중교통망 내에서 최대한의 경제 활동을 누릴 수 있게 해야 한다.

---

6   서울특별시, "시내버스 표준원가 정산지침", 2022년 12월 1일 자.
7   이에 대해선 부록 2B를 참고하기 바란다.

3 대중교통 구축이 쉬운 도시의 구조

쉽게 설명하기 위해 실제 예를 이용해 살펴보자.[8] 〈그림 2-7〉의 지역은 대구 중구이며, 부산 중구 등과 함께 지방 상업 지역 중에서는 주간 인구가 야간 인구보다 더 많은 대표적인 곳이다. 이 구는 직사각형에 가까우면서 지형의 영향이 없어 실제 예시로 들어 설명하기에 좋은 조건을 갖추고 있다.

대구 중구의 면적은 7km²로 2021년 기준 9.2만 명이 이 지역에서 일하고 있다. 북쪽은 태평로, 동쪽은 신천대로, 남쪽은 명덕로, 서쪽은 큰장길·달성공원로로 둘러싸여 있고 총둘레의 길이는 10.8km이다. 이 지역으로 드나들 수 있는 주요 도로들의 차로의 합은 총 122차로, 도시 지역에서는 한 차로의 너비가 3m이므로 10.8km의 둘레 중 366m, 약 3.4%를 주 간선 도로로 쓴다고 할 수 있다.

한 차로는 『도로용량편람 2013』[9]을 기준으로 보통 1시간 동안 2200대의 차량을 처리할 수 있다. 그러나 이는 고속 도로와 같이 교차로가 없는 형태이고, 평면 교차로가 많은 지역의 경우는 이보다 적다. 만약 네거리를 기준으로 각 방향으로 동일한 길이의 신호가 주어진다면, 2200

---

8   Carlos F. Daganzo and Yanfeng Ouyang, *Public transportation systems: Principles of system design, operations planning and real-time control* (Singapore: World Scientific, 2019), pp. 2~6. 이 책의 1.1절의 내용을 대구 중구에 맞게 응용함.

9   국토해양부, 『도로용량편람 2013』(2013).

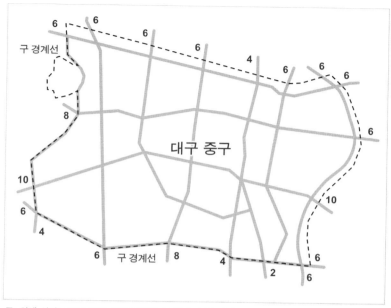

그림 2-7 대구 중구의 진출입로 현황

주: 회색 실선은 주요 도로, 검은 점선은 구 경계, 회색 실선 옆의 숫자는 구 경계를 진출입하는 도로의 차로 수.

대의 용량 중에 1/2(비보호 좌회전 기준) 또는 1/4만 실제 도로 용량으로 쓸 수 있을 것이다. 여기서는 그 가운데쯤 있는 1/3값인 733대/시를 한 차로가 처리할 수 있는 용량이라 가정하자. 이때, 대구 중구로 들어올 수 있는 차량의 최대치는 다음과 같다.

122(차로) × 0.5(진입 차로 비율) × 733.3〔대/(차로×시)〕
= 4만 4733대/시

만약 대구 중구의 면적과 도로 구조를 기준으로 모든 노동자가 자가용으로 출근한다면 도로가 이를 처리하는 걸리는 시간은 일자리의 밀도에 따라 〈표 2-4〉와 같이 정리된다. 대구 중구에는 9만 2000개의 일자리가 있으므로, 일자리 밀도는 약 1만 3000명/km²이다. 이때, 모든 사람이 차를 타고 출근하는 걸 도로가 소화하는 데에만 2시간에 가까운 시간이 걸린다. 만약, 모든 사람들이 9시까지 출근해야 한다면 누군가는 7시에는 직장에 도착해야 한다.

　물론 중구 안에서 살면서 출근하는 사람도 있을 것이며 모든 사람의 출근 시간이 9시 정각일 리도 없으니, 실제로는 상당 부분 분산이 될 것이다. 그러나 저 중의 절반만이라도 9시 정시 출근한다면 중구에 진입하는 사람을 모두 처리하는 데 1시간이 소요, 누군가는 1시간이나 일찍 출근해야 한다. 결국 좋든 싫든 도심 출퇴근을 위해서는 대중교통이 강력한 대안이 된다.

　이렇게만 놓고 보면, 대구 도심에서는 대중교통이 꽤 매력적인 수단으로 보일 수도 있다. 그럼에도 어지간해서는 전부 차를 탄다. 이는 출퇴근 시간을 제외하면 차가 빠르기 때문이다. 승용차와 택시의 대구 중구 출입량은 평균 50만 4421명/일, 차 1대당 1.2명이 탔다고 하면 진입에는 21만 대의 차량만 하루에 처리하면 되므로, 교통량이 급증하는 출퇴근 시간을 빼면 시간당 4.5만 대를 처리할 수 있는 대구 중구의 도로가 21만 대의 차량을 처리하는 것은 어렵지 않은 일이다. 대중교통 중심의 도시를 조성하는 게 보통 허들이 높은 게 아님을 뜻한다.

　따라서 대중교통을 활성화하려면 다음의 네 가지 조건이 필연적이다.

표 2-3 대구 중구 현황

면적	7km²	둘레	약 10.8km
진출입 차로 수	122차로	둘레 중 도로 비율	3.4%
도심 진입 도로 용량	44,733대/시	종사자 수(근무지 기준)	9.2만 명

자료: 국가통계포털. "지역별고용조사/시군구/성/연령별 취업자(근무지기준)"(2021년 하반기 기준).

표 2-4 대구 중구의 모든 노동자가 자가용으로 출근할 때, 도로가 처리하는 데 걸리는 시간

일자리 밀도 (수/km²)	일자리 수	처리 시간(분)	일자리 밀도 (수/km²)	일자리 수	처리 시간(분)
1,500	10,500	14	30,000	210,000	282
5,000	35,000	47	40,000	280,000	376
10,000	70,000	94	50,000	350,000	469
13,000	91,000	122	70,000	490,000	657
15,000	105,000	141	100,000	700,000	939
20,000	140,000	188	200,000	1,400,000	1,878

① 도심의 일자리 밀도가 매우 높다.

② 대중교통으로 이동할 수 있는 속도 자체가 매우 빠르다.

③ 차량 이동에 불이익을 가한다.

④ 산이나 바다 등의 지형적 조건으로 진입 방향 자체가 제한된다.

이 중 직접적으로 차량 이동을 막아버리는 조건 ③, ④를 제외하고 조건 ①, ②를 갖추려면 어떻게 되어야 하는지 확인해 보자. 조건 ①은 도심 상업 지구가 고밀도로 개발되어 있어야 함을 뜻한다. 〈표 2-4〉를 참고할 경우, 대구 중구의 일자리 밀도가 2만 명/km²인 강남 수준의 일자리의 밀도를 가지고 있다면, 차량으로만 출퇴근을 처리하려면 3시간이

표 2-5 주요 지역 일자리 밀도 현황   (단위: 수/km²)

산업 단지 (한국 평균)	1,500	오사카 4구 (기타, 주오, 니시, 후쿠시마)	40,000
대구 중구	13,000	도쿄 3구 (주오, 지요다, 미나토)	64,000
서울 강남구	21,000	시티 오브 런던	200,000

주: 일본의 경우 민영 업체의 일자리 통계만 잡혀 있다.
자료: ① 산업단지: 박승규·이제원·조창덕. 2016. "산업단지 조성 시 입주기업·근로자 지원시설 구
축방안 마련 연구"(2016-23). 한국지방행정연구원. ② 서울, 대구: 국가통계포털. "지역별고
용조사/시군구/성/연령별 취업자(근무지기준)"(2021년 하반기 기준). ③ 도쿄, 오사카: 政府
統計の総合窓口(e-Stat). 経済センサス-活動調査. "産業(小分類)別民営事業所数及び従業者数
一全国, 都道府県, 市区町村"(2016년 기준). ④ 런던: London Datastore. "Jobs and Job
Density, Borough"(2020년 기준).

걸리게 된다. 그러므로 늘어난 교통량은 강제적으로 대중교통으로 흡
수될 수밖에 없다.

　도쿄 도심 3구의 밀도를 가진다면, 모든 차량이 도심을 진입하는 데
걸리는 시간은 약 10시간이 걸린다. 그 누구도 차를 이용해 출퇴근한다
는 생각은 하기 어려울 것이다. 물론 이것보다 더한 경우로 시티 오브
런던City of London이 있지만(3km²에 60만 명 종사), 이는 매우 예외적인
경우다.

　조건 ②는 속도가 빠른 대중교통 수단이 필요하다는 의미가 아니라
다층적인 대중교통 체계를 갖추어야 함을 뜻한다. 단순하게 대중교통
의 속도만 높이면 필연적으로 정차하는 정류장이나 역의 수를 줄여야
하는데, 이는 반대로 역까지의 접근 시간이 길어지게 만든다. 쉽게 말해
서 내 집 앞에 역이 없을 확률이 높다는 뜻이다. 따라서 자전거, 버스/트
램, 완행 전철, 급행 전철이 서로 유기적으로 연계되도록 짜야 한다.

그림 2-8 2015년 대구 중구 진출입 교통수단 분담률 현황   (단위: 명/일, 통과교통량 제외)

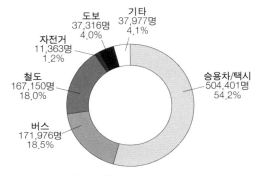

자료: KTDB. "대구광역권 수단 OD(2015년)".

여기서 ②는 ①의 영향을 받게 되어 있다. 다층적인 대중교통 체계를 갖추려고 하면 그에 맞춰 시설 투자가 늘어야 하고, 이를 뒷받침하려면 그만큼 대중교통 승객 자체가 많아야 한다. ①은 강제적으로 대중교통 승객의 수를 늘리므로 ②에 긍정적인 피드백을 주게 된다. 즉, 대중교통 공급이 쉬운 도시의 가장 핵심 요소는 ①, 고밀도 도심이다.

이는 반대로 말하면 외곽지에서는 고밀도 도심만의 교통망에 신경을 쓰면 상당수의 경제 활동이 가능해지므로 제한된 대중교통 공급만으로 최대한의 경제 활동을 할 수 있다. 즉, 2.2절의 끝에서 말한 두 도시는 본질적으로 같은 구조의 도시다.

하지만 사람들이 경제 활동을 꼭 상업 지역에서만 하는 것은 아니다. 공업 지역에서는 어떤 일이 일어나는지 보자. 2014년 기준 한국 산업 단지의 현황을 보면, 면적은 1375km²이며 208만 명이 일하는 것으로 나타난다. 이 정도 밀도에서는 대구 중구의 공단 면적이라 하더라도 14

분 만에 모든 사람을 출근시킬 수 있다. 통근객은 직장에서 충분한 월급만 준다면 차를 타고 출퇴근하는 게 훨씬 유리하니 다층의 체계를 갖춘 대중교통망을 확보하는 게 심각히 어려워진다. 즉, 제조업 지역은 조건 ①을 만족하지 못하므로 대중교통 서비스의 유지 및 활성화의 난이도가 높아진다. 때문에 공업 지구는 그 자체만으로는 대중교통을 공급하기 어려우므로, 도심에 인접한 공업 지구가 아니거나, 기존에 있는 고속 간선 대중교통망(예: 도시 간을 잇는 간선 철도)과 연계되지 않으면, 경제적 형편이 괜찮은 사람들만의 고립된 공간이 되거나 혹은 노동력 수급의 문제로 인력난에 시달릴 수도 있다.

4 집적된 도심과 이동 비용[10]

어떤 사람은 2.3절을 보고 과도하게 교통량이 몰리는 도심을 설계하는 것보다는 도심의 기능을 외곽으로 분산시키는 것이 훨씬 더 좋다고 생각할지도 모르겠다. 내가 교통망을 이용해 이동하는 것보다, 내 집 앞에 직장이나 서비스 시설들이 옮겨 온다면 멀리 이동하는 데에 돈과 시간을 쓰지 않게 되므로 교통망을 구축하는 것보다는 훨씬 더 이득이 될 수 있기 때문이다. 때에 따라서는 이러한 시설들을 유치하는 캠페인이

---

10 이 부분에 있어서 보다 자세하게 알고 싶을 경우 발터 크리스탈러의 『중심지 이론: 남부독일의 중심지』(나남, 2018)를 참고하기 바란다.

나 운동 등이 극심해지어 일종의 핌피(PIMFY, Please In My Front Yard, 내 집 앞에 설치해 주세요) 현상이 일어나기도 하는데, 거리마찰을 줄이려고 하는 측면에서 보자면 이러한 일은 자연스러운 요구로 볼 수 있다. 반대로 도심에서는 혼잡이 줄어들 수가 있으므로 환경이 조금 더 쾌적해질 수 있다. 그렇지만 이러한 도심의 기능 분산은 긍정적으로도 부정적으로도 작용할 수가 있다. 한번 가상의 육각 방사형 도시를 가정해 이 문제에 대해 고민해 보자.

우선 모든 서비스 시설을 일곱 종류로 분류할 수 있다고 가정하자. 이 일곱 개의 서비스 시설 종류에 대한 시민의 요구도도 모두 같고 방문 횟수도 동일하다. 일곱 개의 서비스 시설에는 층위가 다른 시설도 있을 것이다. 예로 들면 동네 소아청소년과 병원과 종합병원, 또는 슈퍼와 백화점의 층위 차이이다. 동네 운동장과 프로 축구 경기장이라 생각해도 좋다. 여기서 우리는 일곱 개의 시설이 모두 지리적 중심지에 있는, 〈그림 2-9〉와 같은 가상의 도시를 그려낼 수가 있다.

이 도시에서 중심에 사는 도시민들의 경우 일곱 개의 시설을 이용하기 위해 이동에 대한 별다른 대가를 낼 필요가 없을 것이다. 하지만 외곽부에 사는 주민들의 경우 도심에서 1칸 떨어져 있으므로, 중심지의 서비스 시설을 이용하기 위해 1만큼 이동해야 한다. 일곱 종류의 시설을 모두 이용하려면 7의 교통 수요가 있으므로 외곽부와 중심지를 잇는 교통망에는 7의 교통량이 생길 것이다. 이 경우 49단위의 수요[11]에 요구되

---

11   7개 지역에서 발생하는 7개 시설에 대한 교통 수요이므로 총 49단위의 수요가

그림 2-9 도심에 일곱 개의 서비스 시설이 있으며, 각 구역의 거주 인구가 같고, 서비스 시설의 이용 빈도도 같은 방사형 육각형 가상 도시의 교통망에 걸리는 교통량 및 시민들의 총이동 거리(상댓값)

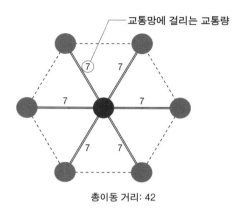

총이동 거리: 42

는 이동 거리는 42[12]이다.

여기서 상대적으로 동네 병원이나 슈퍼와 같이 낮은 층위의 동일한 서비스 시설 일곱 개를 지리적 중심지에서 각 지역으로 분산한다고 가정하자. 이 경우 외곽지의 주민들은 다른 지역의 방문 필요성이 사라지고, 자연히 이동 거리도 줄게 된다. 따라서 이동 거리의 합은 0으로 줄어든다. 외곽 주민들은 이제 이동에 투자한 시간을 다른 용도로 활용할 수 있게 된다!

발생한다.

12   외곽 6개 지역의 42단위 교통 수요에는 각각 1단위의 이동 거리가, 중심지의 7단위 교통 수요는 0단위의 이동 거리가 필요하므로 총 42이다.

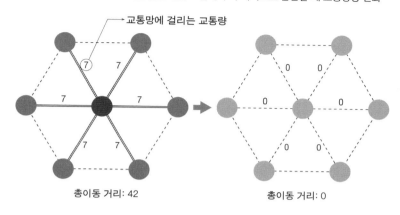

그림 2-10 동일한 서비스 시설 일곱 개를 도심에서 각 지역으로 분산할 때 교통상황 변화

교통망에 걸리는 교통량

총이동 거리: 42

총이동 거리: 0

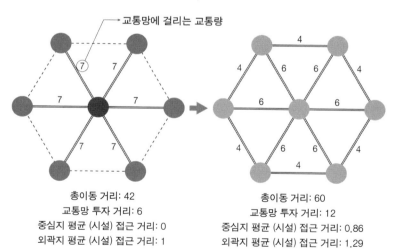

그림 2-11 요구도는 같지만, 서로 다른 종류의 서비스 시설 일곱 개를 지리적 중심지에서 각 지역으로 분산할 때 교통상황 변화

교통망에 걸리는 교통량

총이동 거리: 42
교통망 투자 거리: 6
중심지 평균 (시설) 접근 거리: 0
외곽지 평균 (시설) 접근 거리: 1

총이동 거리: 60
교통망 투자 거리: 12
중심지 평균 (시설) 접근 거리: 0.86
외곽지 평균 (시설) 접근 거리: 1.29

고층위 시설을 분산시킬 경우

그러나 만약 도시 전체에서 한 개, 또는 그 정도의 극소수의 시설만 들어설 수 있는 백화점, 종합병원, 축구경기장, 미술관과 같은 고층위 서비스 시설이라면 이야기가 달라진다. 우선 이런 시설들이 모두 도심에 있는 경우랑 비교해 보자. 먼저 모든 시설이 도심에 있는 경우에 필요한 총이동 거리는 42이다. 요구되는 교통망 투자 거리는 6에 불과하다. 중심지 주민의 시설 평균 접근 거리는 0, 외곽지 주민의 평균 접근 거리는 1이다.

하지만 중심지가 혼잡하다 또는 외곽 지역의 발전이 필요하다는 명분으로 이러한 시설을 각 지역으로 분산하면 어떻게 될까? 먼저 지리적 중심지 주민은 중심지에 남는 시설에 대한 이동 거리는 0이 되겠지만, 다른 시설의 거리는 1이 되므로 중심지 주민의 각 시설에 대한 평균 접근 거리는 0.86이 된다. 외곽지 주민들의 경우 〈그림 2-12〉와 같은 교통량을 가정할 수가 있으므로 평균 접근 거리는 1.29가 된다.

즉, 중심지 주민의 평균 접근 거리는 0에서 0.86으로, 외곽지 주민의 평균 접근 거리는 1에서 1.29로 늘어나 모든 주민들이 손해를 보게 된다. 사회 전체적으로 볼 때도 총이동 거리는 60으로 43%나 늘어나며, 지역 당국에서 중점적으로 신경 써야 하는 교통망의 거리도 6칸에서 12칸으로 늘어나게 된다. 반면 중심지 교통량의 혼잡 문제는 크게 해결되지 않는다. 일부 교통량이 중심지를 목적지로 하는 교통량에서 통과하는 교통량으로 바뀌었을 뿐이다. 외곽지 주민들이 처음에는 자기 지

그림 2-12 외곽지 A의 주민들이 분산해 위치한 각 시설을 이용하기 위해 발생시키는 교통량(링크별 부하량)

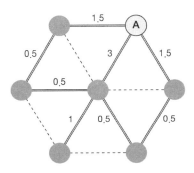

그림 2-13 도심이 지리적 중심지에서 지리적 외곽지로 옮겨질 경우의 교통 상황 변화, 지리적 중심지를 혼잡 문제 때문에 가능한 한 경유하지 않는다고 가정

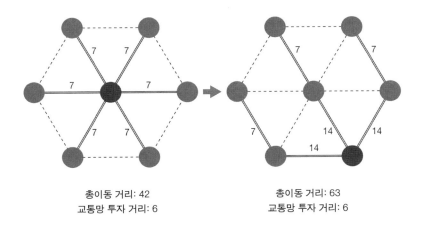

역에 고층위의 서비스 시설이 들어선 것에 좋아했겠지만 실제로는 손해가 된다.

해당 시설들을 하루에 둘 이상 연달아서 이용하려 한다면 이러한 구조는 더욱 문제가 된다. 원래는 어떤 지역이든 지리적 중심지만 찾아가면 모든 시설을 이용할 수 있었지만, 이제는 하루에 최소 두 군데 이상의 지역을 방문해야 한다. 일종의 집적 효과, 시너지 효과가 사라지는 것이다. 이동 거리는 더욱 길어지고, 지역 주민들은 이동에 부담을 느끼게 되다가, 시설을 덜 이용하는 것을 검토하게 될 것이다.

구석진 도심의 문제

이번에는 지리적 중심지에 있는 도심을 인위적으로 외곽으로 옮긴다고 가정해 보자. 이 경우 전체 이동 거리는 42에서 63으로 50%나 상승하게 된다. 사회 전체적으로 보았을 때 분산하는 경우와 이동 거리 차이가 거의 없다. 하지만 이득과 손실은 지역별로 불균등하게 나타난다. 도심이 된 외곽지의 주민들은 7의 이동 거리가 필요했지만 0으로 줄어들게 되므로 확실히 이득을 보게 된다. 하지만 주변 외곽지의 경우 지리적 중심지가 도심인 경우와 별 차이가 없으며, 다른 외곽 지역과 지리적 중심 지역의 경우 7의 이동 거리가 더 요구된다. 즉, 이런 식의 도심 이동은 자연적이지 않다.

바꾸어 말하면, 자연적 또는 인문적인 요인으로 도시가 여러 방향으로 성장하지 못하고 한쪽으로만 성장하면 도심 역시 도시가 성장하는 방향으로 이동하게 된다고 예측할 수 있다. 특히 바다에 접해 있거나 산지 밑에 있는 도시의 경우, 도시가 내륙 또는 평야 지대로 뻗어 나갈 수밖에 없으므로 기존의 도심이 쇠퇴하고 내륙 또는 평야 지대의 지리적 중심지로 도심이 이동할 수 있다.

외부 도시가 받는 영향

이번에는 상대적으로 소규모라서 고층위 서비스를 대도시에 의존하는 외부 도시가 있다고 가정을 해보자. 이 외부 도시는 고속 도로나 시외버스, 또는 철도 등으로 지리적 중심지로 빠르게 접근할 수 있는 교통망을 갖추고 있어 상대적 원거리임에도 불구하고 시간적인 거리는 2단위인 상황이다.

도심의 기능이 지리적 중심지에 있을 때, 외부 도시의 주민은 대도시와의 거리는 비록 떨어져 있지만 대도시의 도심에만 도착하면 모든 서비스 시설의 혜택을 다 누릴 수 있다. 특히 한 번에 여러 시설을 방문하면 이동 거리 측면에서 서비스 시설의 집적 효과를 훨씬 더 크게 누릴 수 있다.

그러나 도심의 기능이 외곽으로 분산된다고 가정하자. 이 경우 외부 도시 주민은 기존에 지리적 중심지로 접근하는 이동 거리 2에, 중심지 주민의 시설 평균 접근 거리 0.86이 더해지면서 총 2.86의 평균 접근 거리가 필요하게 된다. 외곽지 주민들의 평균 접근 거리가 29% 상승할 동안, 외부 도시 주민들의 평균 접근 거리는 43% 상승해 외부 도시 입장

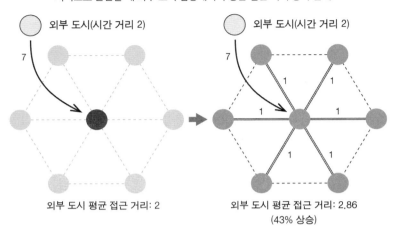

그림 2-14 요구도는 같지만 서로 다른 종류의 서비스 시설 일곱 개를 지리적 중심지에서 각 지역으로 분산할 때 외부 도시 입장에서의 평균 접근 거리 증가 문제

외부 도시(시간 거리 2)

외부 도시(시간 거리 2)

외부 도시 평균 접근 거리: 2

외부 도시 평균 접근 거리: 2.86
(43% 상승)

으로서는 정주 여건이 훨씬 열악해지는 상황에 놓이게 된다.

만약 외부 도시가 충분한 규모가 있다면 자생적으로 해당 시설을 갖추어 나갈 수도 있다. 그러나 외부 도시와 대도시의 역량 차이가 현격한 상황에서 이런 상황을 계속 마주해야 한다면, 외부 도시 주민은 해당 시설의 이용을 포기하거나 대도시로 이사 가는 것을 고려하게 될 것이다. 즉, 대도시 내부에서의 분산이 도리어 대도시로의 집중 현상을 부르게 된다.

도심이 외곽지로 옮겨 가는 경우도 비슷하다. 외부 도시의 입장에서는 분산된 경우보다는 시설의 집적 효과를 누릴 수 있겠으나, 평균 접근 거리가 2에서 3으로 상승하는 것은 피할 수 없는 문제이다. 만약 불가피한 연유로 도심이 이전하거나 지리적 외곽지의 구도심을 정리하고 신

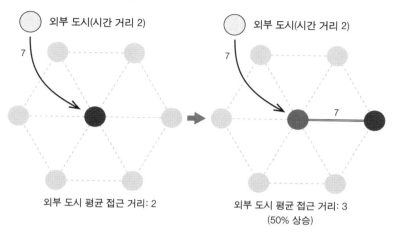

그림 2-15 도심이 지리적 중심지에서 지리적 외곽지로 옮겨질 경우, 외부 도시 입장에서의 평균 접근 거리 증가 문제

도심을 지리적 중심지에 새로이 조성한다면, 교통 시설의 이전, 재정비 등도 동시에 수반되어야 한다.

　결론적으로 말하자면, 시설들이 내 집 앞에 모이는 것은 한계가 있다. 각 지역마다 공급할 수 있는 낮은 층위의 시설을 분산하는 것은 이동 거리나 시간을 줄이는 데에 효과적이다. 하지만 도시에 한두 개밖에 공급할 수 없는 고층위의 시설을 분산하는 것은, 도시 전체적으로 이동 거리 및 시간을 증가시킴과 동시에 집적 효과를 떨어뜨려 도리어 도시 전반적으로 활력이 감소할 수 있다.

　그렇기에 아무리 뛰어난 교통 시설과 망이 있어도 도심 기능의 집적화가 교통망 구축보다 우선하는 도시 계획이 뒷받침되어야 한다. 갈 수 있는 공간의 수를 다양하게 만들기엔 현실적으로 어려운 점이 많기에 하나의 공간이 다양한 기회를 품고 있어야 한다. 또한 그렇게 집적된 공간일수록 대중교통의 공급도 용이해져 다양한 계층이 해당 공간을 이용할 수 있으며 집적 효과도 높아진다.

부 록

부록 2A. 전기차와 이동성 간의 관계

부록 2A와 2B에서는 최근에 많은 각광을 받는 전기차와 자율 주행차가 어떤 식으로 사회 구성원의 이동성에 영향을 주는지 짚어본다. 전기차의 대두는 기후 변화, 탄소 중립 등의 문제에 집중하는 측면에서는 기존 화석 연료 자동차를 대체하므로 바람직한 현상이라 할 수 있으며, 정도의 차이가 있으나 대부분 동의할 지점이라 생각된다. 하지만 그와 동시에 전기차는 생각보다는 꽤 비싼 교통수단이며 이에 따라 화석 연료 차량이 전기 차량으로 바뀜에 따라 경제적 타격을 받을 계층이 생긴다.

실제 전기차의 비용을 확인해 보자. 2021년의 자료[1]이므로 전기차의 지원금 및 연료비는 책을 읽는 현재와 조금 다를 수 있다. 유가의 경우는 이 글을 쓰고 있는 와중에도 변동이 심해 해당 자료의 유가를 그대로 썼음을 참고하기 바란다. 기사에서 가정한 연 1만 5000km의 주행 거리는 하루 평균 41km를 주행했다는 뜻이므로, 한국의 평균적인 자가용 소유주[2]보다 주행 거리가 20%가 더 기므로 자가용을 적극적으로 이용하는 사람이라 볼 수 있다.

1 　 이유정, "전기차를 사면 정말 돈이 절약될까: 전기차와 가솔린차 총 지출 비교", ≪밸류챔피언≫, 2021년 3월 31일 자.

2 　 2019년 비사업용 승용차의 하루 평균 주행 거리는 34.2km이며 이는 도(道) 지역도 최저 31.2km(제주도)에서 최대 35.7km(충청남도)로 분포하는 등 평균값 근처에서 분포하고 있다. 국가통계포털, "자동차주행거리통계/용도별 차종별 연료별 자동차주행거리"(2019년 기준).

- 가솔린차: 2000만 원(구매비) + 180만 원(연료비/연) × n년(1L 1533 원 기준)

- 전기차: 3800만 원(구매비) + 80만 원(연료비/연) × n년

그러나 일반적인 자가용의 경우 18년이 지나면 통상적으로 차량 자체를 교체해야 하는 시기가 되거나 넘어서는 수준이며, 이마저도 자가용을 적극적으로 이용하는 사람에 해당하는 이야기다. 즉, 전기차는 가솔린차에 비해 초기 비용도, 전반적인 비용도 비싸다.

물론 이는 다른 혜택들을 제외한 것이지만, 반대로 국가에서 전기차 구매비에 보조금을 지원하고 있으며 유류세 등의 세금도 전기차의 전기료에 미부과하고 있다는 것도 잊어선 안 된다. 과거 경유 차량이 그러했듯 장기적으로 모든 차량이 친환경 차로 바뀌면 세제 혜택이 줄어들 수밖에 없다. 따라서 전기차는 차량 구매에 많은 돈을 지출하기 어려운 계층에게는 이동 제약을 강화하는 수단이다.

하지만 기존부터 비싼 차를 사는 사람에게는 이야기가 조금 달라진다. 5000~6000만 원 대의 차량을 구매하는 사람의 경우 차급을 낮춰서 대응하거나, 아니면 추가 구매 비용 자체가 별 부담이 없을 수도 있다. 이때는 연료비만 싸지는 혜택을 고스란히 입을 수 있다.

결국 전기차는 변동비인 유지비는 싸나 고정 비용인 초기 구매 비용이 비싸서 통상적인 차량 소유 기간으로는 비싼 초기 비용을 회수할 수가 없다. 따라서

① 비싸진 비용을 감당할 수 없는 사람에게는 경제적 기회 공간을 축소하나,

② 경제적 여유가 있는 사람은 싼 유지비로 더욱더 장거리를 이동할 수 있게 되므로,

경제적 기회 공간의 격차를 더욱 강화하게 된다. 그리고 한국 특성상 이러한 기회를 상실하게 될 저소득층은 여성, 장애인, 그리고 비수도권 주민에 많이 분포되어 있으며, 특히 비수도권의 경우 수도권에 비해 대중교통의 공급이 제한적이라 수도권보다 경제적 기회 공간 문제의 축소 문제가 더 크게 다가올 수 있다. 따라서 전기차를 활성화하는 것이 시대적으로 중요한 과제라면, 대중교통의 필요성이 더 높아짐을 인정하고 이를 대대적으로 지원할 정책을 펼쳐야 상대적으로 교통, 경제적 약자들이 받을 충격을 줄일 수 있을 것으로 보인다.

부록 2B. 자율 주행 기술과 이동성의 관계

자율 주행 기술은 경제적 측면에서 긍정적인 면과 부정적인 면 모두를 갖추고 있다. 먼저 부정적인 면이다. 자율 주행 차량은 센서 등을 설치해야 하므로 차량 가격이 비싸진다. 즉, 전기차와 같은 원리로 저소득 계층은 차량 구매가 더 힘들어질 것이다. 만약 차량의 에너지 전환과 자율 주행 전환이 동시에 일어나면 차량 구매 비용은 저소득층이 감당하

기 힘들 정도로 상승할 수가 있다. 반면, 고소득 계층은 자율 주행차에 면허증이 필요 없어지므로 성인뿐만 아니라 미성년자 한 명 한 명이 모두가 자기만의 차를 가질 수 있게 된다. 전기차가 단순히 성인의 경제적 기회 공간의 격차를 더 크게 벌릴 가능성이 있다면 자율 주행차는 미성년자부터 기회의 격차를 극단화시킬 수 있다. 어쩌면 부유층이 가족 수에 따라 차량을 구매할 동안 저소득층이 자가용 구매 능력을 상실하는 구도 자체가 사회적으로 표면화된 갈등을 낳을지도 모르겠다.

통제되지 않는 자율 주행 자동차는 교통 자체에서도 문제를 만들 수 있다. 밀러드-볼(Adam Millard-Ball)[1]은 전기가 주 에너지원인 자율 주행차는 가감속에 의한 에너지 소모가 크지 않기 때문에 주차장에 차를 대는 것보다 주변을 느리게 배회하는 것이 비용이 더 싸다는 것을 지적했다. 특히 자율 주행차가 많아지면 많아질수록 주변을 느리게 배회하는 차량이 더 늘어나므로 차량의 주행 속도는 더욱 느려진다. 도로를 주차장처럼 쓰는 현상이 생기는 것이다. 어떤 사람들은 차를 이용하는 시간 외에는 다른 사람이 이용하게 하면 해결된다고 생각할지도 모르겠으나, 이는 24시간 내내 교통량이 일정할 때만 가능한 일이다. 출퇴근 시간에 사람의 이동이 대폭 늘어나고, 야간에는 대다수의 사람들이 잠을 청하는 상황에서 매시간 교통량은 균등하지 않다. 이러한 점 때문에 자가용의 자율 주행은 사회적 논의를 거쳐 예상되는 관련 문제점을 해

---

1   Adam Millard-Ball, "The autonomous vehicle parking problem," *Transport Policy*, 75(2019), pp. 99~108.

표 2-6 2019년 서울특별시 차량별 1대당 표준 원가 산정표(자율 운영)　　　(단위: 원/일)

인건비		인건비 외	
운전직 인건비	488,675	연료비	86,497
정비직 인건비	21,074	타이어비	3,806
사무 관리직 인건비	25,820	차량 보험료	11,578
임원 인건비	5,419	차량 감가상각비	36,984
		기타 차량 유지비	4,323
		기타 관리비	11,159
		차고지비	5,724
		정비비	8,451
		적정 이윤	17,330
인건비 계	540,988	인건비 외 계	185,852
		총계	726,840

자료: 서울특별시. "시내버스 표준원가 정산지침".

결 또는 완화할 수 있는 정책과 법에 대한 고민이 필요해 보인다.

반면 대중교통에서는 긍정적인 면이 있다. 기본적인 공유 교통이라 할 수 있는 대중교통의 경우 운전자 인건비의 절감 효과가 크다. 서울시[2]의 경우 2019년 기준 대형 버스 1대당 하루 운영비가 72.7만 원이 들고, 이 중 48.9만 원이 기사 인건비이다. 이렇게 기사 인건비가 많이 드는 이유는 휴게 시간 포함 하루 9시간 근무 및 휴일 보장 등 기본적인 노동 조건을 맞추기 위해서 버스 1대당 2.5~2.8명의 기사가 필요하기 때문이다. 만약 차량 1대를 운전하는 버스 기사 1명이 자율 주행차 10대를 관리하는 관제사 1명과 비상시 출동하는 인력 1명의 형태로 바뀐

2　　서울특별시. "시내버스 표준원가 정산지침"(2022.12.1).

다면, 버스 1대당 일 39만 원, 연 1억 4000만 원의 인건비가 절감된다. 버스 1대당으로는 작아 보이지만 서울시의 시내버스가 총 7000대가 넘어가므로 연 1조 원의 예산이 절감되는 셈이며 이는 서울시 시내버스의 연간 적자를 상회한다.

이 경우 현재의 서비스를 그대로 유지하면서 이익금을 다른 곳에다가 쓸 수도 있겠지만, 기존 버스의 배차 간격을 줄이거나 급행 노선을 신설하는 등 적극적인 대중교통 서비스 확충에 쓸 수도 있다. 대중교통이 활성화됨으로써 주차장의 필요성이 줄어들고, 이를 다른 공간으로 활용할 수 있는 것도 분명한 장점이다.

단, 기존의 버스 기사 체제는 비상시에 즉각적으로 대응 가능하다는 장점이 있다. 도시 지역이야 곳곳에 비상 출동 인원이 상주하는 곳을 마련하는 식으로 해결할 수 있지만, 인구가 과소한 농어촌 지역은 지역마다 비상 출동 인원을 상주시키는 것보다 버스 내에 상주하는 안전 요원이 탑승하는 게 더 경제적일 수도 있다. 따라서 자율 주행 기술이 도입된다면, 각 지역별로 맞춤형 전략이 필요함과 동시에 도시 지역에서 창출해 낸 대중교통 서비스의 흑자로 농어촌 지역의 대중교통 서비스를 보조해 주는 교차 보조 정책 등을 검토할 필요가 있다.

참고문헌

국가통계포털. "지역별고용조사/시군구/성/연령별 취업자(근무지기준)"(2021년 하반기 기준).

_____. "자동차주행거리통계/용도별 차종별 연료별 자동차주행거리"(2019년 기준).

국토해양부. 2013. 『도로용량편람 2013』

박승규·이제원·조창덕. 2016. "산업단지 조성 시 입주기업·근로자 지원시설 구축방안 마련 연구"(2016-23). 한국지방행정연구원. https://www.krila.re.kr/publication/report/policy/1335?key=&keyword=&page=12(확인일: 2022.6.21).

서울특별시. 2022.12.1. "시내버스 표준원가 정산지침". https://news.seoul.go.kr/traffic/archives/30896(확인일: 2023.5.15).

이유정. 2021.3.31. "전기차를 사면 정말 돈이 절약될까: 전기차와 가솔린차 총 지출 비교". ≪밸류챔피언≫. https://www.valuechampion.co.kr/%EC%A0%84%EA%B8%B0%EC%B0%A8%EB%A5%BC-%EC%82%AC%EB%A9%B4-%EC%A0%95%EB%A7%90-%EB%8F%88%EC%9D%B4-%EC%A0%88%EC%95%BD%EB%90%A0%EA%B9%8C-%EC%A0%84%EA%B8%B0%EC%B0%A8%EC%99%80-%EA%B0%80%EC%86%94%EB%A6%B0%EC%B0%A8-%EC%B4%9D-%EC%A7%80%EC%B6%9C-%EB%B9%84%EA%B5%90(확인일: 2022.6.13).

한국교통연구원. 2013.9.11. "수도권 통근시간 1시간인 직장인 통근행복상실 월 94만 원". https://www.google.co.kr/url?sa=t&rct=j&q=&esrc=s&source=web&cd=&ved=2ahUKEwj616_hrvvzAhXHa94KHTeDAlQQFnoECAUQAQ&url=https%3A%2F%2Fwww.koti.re.kr%2Fcomponent%2Ffile%2FND_fileDownload.do%3Fq_fileSn%3D1318%26q_fileId%3D20130912_0001318_00003556&usg=AOvVaw0wGzuOixWiQELW4z_xHHkf(확인일: 2023.5.15).

政府統計の総合窓口(e-Stat). 経済センサス-活動調査. "産業(小分類)別民営事業所数 及び従業者数 — 全国, 都道府県, 市区町村"(2016년 기준). https://www.e-stat.go.jp/stat-search/files?page=1&layout=datalist&toukei=00200553&tstat=000001095895&cycle=0&tclass1=000001116497&tclass2=000001116502&tclass3val=0(확인일: 2022.6.21).

Daganzo, C. F., and Y. Ouyang. 2019. Public transportation systems: Principles of system design, operations planning and real-time control. Singapore: World Scientific.

Gwilliam, K. M., 1997. "The Value of Time in Economic Evaluation of Transport Projects: Lessons from Recent Research." Infrastructure Notes, Transport Sector, Transport No. OT-5, World Bank. https://documents1.worldbank.org/curated/ru/759371468153286766/pdf/816020BRI0Infr00Box379840B00PUBLIC0.pdf(확인일: 2024.11.25).

London Datastore. "Jobs and Job Density, Borough"(2020년 기준). https://data.london.gov.uk/dataset/jobs-and-job-density-borough(확인일: 2022.6.21).

Millard-Ball, A. 2019. "The autonomous vehicle parking problem." *Transport Policy*, 75, pp. 99~108.

제 3 장

어그러진 도시

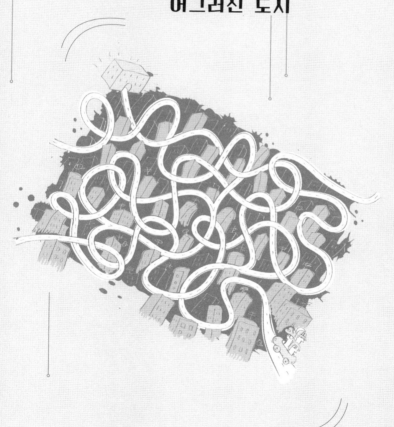

제2장에서 우리는 교통의 의미가 무엇인지, 대중교통이 왜 개인의 생활 면에서, 국가 전체의 경제적인 면에서 중요한지, 또한 공간 구조의 설계는 왜 중요한지 살펴보았다. 결론적으로 말하면 도심의 혼잡 대책으로 시설을 일률적으로 외곽으로 분산하는 것보다는 고층위의 시설은 도심에 압축된 구조를 유지하는 대신 대중교통망을 갖추는 것이 경제활동에 참여할 수 있는 구성원들이 늘어나고, 그 구성원들이 이동에 덜 지칠 뿐만 아니라, 다른 도시 주민에게도 도시 인프라를 공유할 수 있어 본질적으로는 좀 더 균형적인 발전을 도모할 수 있는 방향이다. 그러면 이제 물음은 한국은 이러한 효율적인 공간 구조를 갖추고 있을까다.

하지만 실제 통계들을 보면 한국인은 그렇게 효율적인 공간 구조에서 살고 있지 않은 것처럼 보인다. 〈표 3-1〉을 보면 한국의 주요 거점 도시들의 출퇴근 시간은 부산, 대구, 광주, 대전조차도 런던, 뉴욕New York 도시권보다도 길다.[1] 이는 한국의 개개 구성원에게 다른 나라보다 넓은 생활 반경이 필요하다는 부정적인 의미를 내포하고 있다. 도대체 우리는 왜 장시간 출퇴근을 하고 있을까?

---

[1] 다만 통계 및 조사 방법의 차이에 따라, 한국 비수도권 광역시의 경우 통근 시간이 70~80분인 경우도 있다.

표 3-1 주요 도시 평균 출퇴근 소요 시간 (단위: 분)

도시	서울	부산	대구	광주	대전	울산	도쿄	오사카	뉴욕	런던
시간	96	85	88	85	83	76	94	85	75	79

주: 도쿄는 도쿄도, 오사카는 오사카부, 뉴욕은 뉴욕 도시권(CBSA) 전체가 대상이다.
자료: ① 한국: 한국교통연구원. 2018.6.1. "모바일 Mobility Report(사람의 이동을 한눈에 알아보
다)". ② 일본: 総務省統計局. 2016. "平成28年社会生活基本調査 47都道府県ランキング". ③
뉴욕: C. Burd, M. Burrows, & B. McKenzie, 2021. "Travel time to work in the united
states: 2019. American Community Survey Reports." United States Census Bureau,
2. 2021. ④ 런던: TUC. 2019.11.15. "Annual commuting time is up 21 hours
compared to a decade ago, finds TUC."

1 적은 양질의 일자리 문제

한 가지의 가능성은 애초에 좋은 일자리가 적기 때문이다. 한국의 특
징 중 하나는 산업 간 생산성 불균형과 소득 불균형이 심하다는 것이다.
〈그림 3-1〉과 〈표 3-2〉는 한국과 1인당 GDP 및 인구에서 비슷한 규모
를 나타내는, 미국과 캐나다를 제외한 G7 및 에스파냐의 산업별 종사자
1인당 생산성(부가 가치 창출) 비교다. 여기서 우리의 초점은 출퇴근과
도시의 구조에 있으므로 농어촌에서 주로 일어나는 활동인 농림어업을
제외하고 데이터를 살펴보자. 서구 5개국은 2차 산업과 3차 산업의 생
산성 격차는 최대 15% 정도로 두 산업 간의 격차가 적은 편이다. 일본의
경우 그 격차가 서구 5개국보다는 크지만 3차 산업의 생산성이 2차 산
업의 80% 수준은 된다. 그러나 한국의 경우 3차 산업의 생산성이 2차
산업의 생산성 60% 수준에 불과하다. 2차 산업 중에서도 제조업만 따
로 뽑으면 3차 산업과 생산성 차이가 더 심하다. 한국의 제조업 생산성

그림 3-1 산업별 종사자 1인당 생산성(부가 가치 창출) 현황(2018)   (단위: 미국 달러)

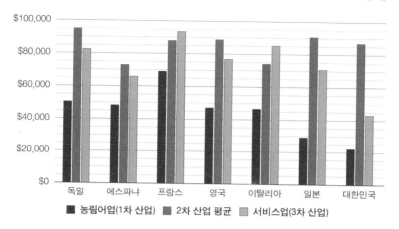

표 3-2 산업별 종사자 1인당 생산성(부가 가치 창출) 현황(2018)   (단위: 미국 달러)

	독일	에스파냐	프랑스	영국	이탈리아	일본	한국
1차	52,296	48,224	69,205	47,498	46,664	25,056	22,484
2차	94,709	71,865	88,700	88,029	74,049	91,749	86,899
(제조업)	99,633	64,139	88,179	88,712	73,541	98,044	101,912
3차	82,488	66,160	93,391	77,362	85,235	71,738	51,324
2차 대비 3차 산업 부가 가치	87%	92%	105%	88%	115%	78%	59%

주: 종사 분류 기준은 국제노동기구(ILO)의 ISIC Rev 3에 따른다. ILO. "International Standard Industrial Classification of All Economic Activities (ISIC)." OECD의 통계와 세계은행의 통계가 혼용되어 있다는 한계점을 밝혀둔다.

자료: OECD. "Employment – Employment by activity"; World Bank. "Agriculture, forestry, and fishing, value added (current US$)"; World Bank. "Industry (including construction), value added (current US$)"; World Bank. "Manufacturing, value added (current US$)"; World Bank. "Services, value added (current US$)."

표 3-3 산업별 종사자 비율(2018) (단위: %)

	독일	에스파냐	프랑스	영국	이탈리아	일본	한국
1차	1.2	4.2	2.5	1.1	3.8	3.1	5.0
2차	27.3	20.3	20.0	18.0	26.1	23.9	25.2
3차	71.4	75.5	77.5	80.9	70.1	73.0	69.8

자료 : OECD. "Employment – Employment by activity."

은 독일, 일본보다도 높지만, 3차 산업의 생산성은 제조업의 50% 수준
이다. 이렇다면 한국은 대부분의 3차 산업에서 양질의 일자리를 기대하
기 어려워진다.

　하지만 대다수의 고용은 3차 산업에서 창출한다. 〈표 3-3〉에서 보듯
7개국에서 3차 산업에 고용된 노동자의 비율은 대체적으로 70%에서
80% 사이에 분포한다. 반면 2차 산업의 비중은 가장 높은 독일조차도
27%에 불과하다. 종합적으로 보면 다른 나라의 경우 2차 산업과 3차 산
업 모두에서 높은 생산성을 기반으로 높은 소득을 올리는 일자리를 기
대할 수 있지만, 한국은 종사자의 25%가 일하는 2차 산업의 생산성만
높다 보니 고소득 일자리 숫자가 제한적일 가능성을 내포한다.

　심지어 생산성이 높은 2차 산업조차도 피고용자의 대우는 열악한 것
으로 확인된다. 〈그림 3-2〉와 〈표 3-4〉는 국가별 2차 및 3차 산업에서
의 피고용자 보상[2]을 비교한 그래프다. 한국의 2차 산업의 생산성은 프
랑스, 영국과 맞먹고 특히 제조업에 한해서는 독일, 일본보다 더 뛰어난

2　　세전 임금 및 기업 부담 사회 보장세.

그림 3-2 2, 3차 산업 종사자 1인당 생산성(부가 가치 창출) 및 피고용자 보상 비교
(단위: 미국 달러)

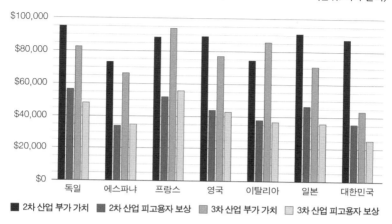

표 3-4 2, 3차 산업 종사자 1인당 생산성 및 피고용자 보상과 비율 비교(2018)
(단위: 미국 달러)

		독일	에스파냐	프랑스	영국	이탈리아	일본	한국
2차	종사자 1인당 생산성	94,709	71,865	88,700	88,029	74,049	91,749	86,899
	피고용자 보상률	59.6%	47.1%	58.2%	49.9%	51.1%	51.1%	45.1%
3차	종사자 1인당 생산성	82,488	66,160	93,391	77,362	85,235	71,738	51,324
	피고용자 보상률	58.1%	52.3%	59.5%	55.5%	42.8%	50.8%	54.0%

주 : OECD의 통계와 세계은행의 통계가 혼용되어 있다는 한계점을 밝혀둔다.
자료: OECD. "Earnings and wages – Employee compensation by activity"; OECD. "Employment – Employment by activity"; World Bank. "Industry (including construction), value added (current US$)"; World Bank. "Services, value added (current US$)"

생산성을 보이고 있다. 그러나 반면 이들이 받는 보상은 에스파냐나 이탈리아 수준이다. 피고용자의 보상률은 더욱 나쁜 지표를 보이고 있다. 독일, 프랑스 등이 생산성의 60%를 피고용자 몫으로 돌리고 나머지 나라들이 50% 내외를 돌릴 동안 한국은 45% 내외의 몫만 피고용자에게 분배되고 있다. 한국의 장시간 노동이랑 결합해 해석하면, 이는 한국의 2차 산업은 높은 부가가치를 창출하면서도 저임금과 장시간 노동이 노동자에게 일상적이라는 뜻이며, 바꿔 말하면 산업 전체에서 일자리를 충분히 더 창출할 수 있는 여력이 있음에도 고용이 강력하게 억제되고 있다는 뜻이기도 하다.

반면, 3차 산업의 경우 피고용자에게 좀 더 높은 54%를 분배한다. 이 수치는 독일과 프랑스만큼 높지는 않지만, 영국과 비슷하고 일본 등 다른 나라에 비하면 높은 수치다. 이는 3차 산업의 경우 노동자에 대해 생산성에 걸맞은 보상이 주어지고 있다는 뜻이기도 하다. 하지만 절대적인 생산성의 한계로 인해 높은 피고용자 보상률이 높은 소득으로 이어지지는 않는다.

종합적으로 보면 한국의 2차 산업은 높은 생산성을 가지면서도 고용을 억제함과 동시에 노동자에 대한 보상도 적게 지급되고 있다. 반면 3차 산업은 낮은 생산성으로 인해 고소득 일자리를 기대하기 어려운 상황이다. 결국 양질의 일자리가 다른 나라보다 한정적일 수밖에 없으므로, 이를 얻기 위한 쟁탈전이 일어날 수밖에 없다. 공간적으로 보면 양질의 일자리가 공급되거나 교육의 기회를 얻을 수 있는 소수의 몇몇 지점에 접근하기 위한 공간에 대한 다툼이 벌어진다.

2 산업 단지의 개별 입지 문제

이제 소수의 양질의 일자리가 각각 어떻게 분포해 있는지 살펴보자. 먼저 2차 산업, 그중에서도 제조업의 일자리이다. 우리는 제조업 지역은 면적 대비 일자리의 밀도가 낮고, 그로 인해 대중교통망을 공급하기 어려움을 2.3절에서 짚은 바가 있다. 때문에 제조업 지역은 주거지 근처에 인접하거나 간선 대중교통 노선망상에 자리하는 것이 중요하며, 그렇지 않을 경우 노동자 입장에서는 출퇴근이 힘들어지고 사업자 입장에서는 인력을 구하기 힘들어질 수 있다.

그러면 한국의 제조업 지역은 어디에 위치해 있을까? 과거의 한국은 공업 단지를 조성할 때 직주 근접의 형태가 되도록 신경 썼다. 예전에는 인프라 공급의 한계가 있어 어쩔 수 없이 도시 근처에 공업 지구를 배치한 탓도 있지만, 장기간의 도시 구역을 계획하더라도 구시가지와 인접하도록 신시가지와 공업 지구를 조성하기도 했다. 〈그림 3-3〉은 중공업 산업 단지가 들어선 포항, 창원, 울산의 예시이다. 해당 도시들의 중공업은 대형 부지가 필요한 산업이므로 도심과 인접한 대형 용지를 마련하기 쉽지 않음에도 공업 단지를 기존 도심과 가까운 위치에 조성했으며, 신시가지가 공업 단지와 기존 도심이 자연스레 연결될 수 있도록 도시 계획을 짰다. 이 덕택에 오늘날 울산 시민들이 출퇴근에 쏟는 시간은 76분에 불과해 서울보다 20분이나 짧다.

하지만 이러한 직주 근접 형태의 계획 입지형 산업 단지는 1980년대에 들어 개별 입지의 형태로 바뀌기 시작한다. 그러한 현상이 가장 심각

그림 3-3 포항, 울산, 창원의 공업지구 및 시가지 조성(위에서부터 시계 방향순)

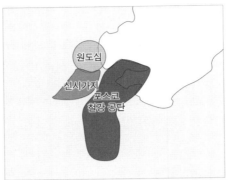

한 곳이 경기 남부·충청 북부의 소위 아산만 권역[3]이다. 중공업 업계부터 보자. 현대차와 기아차는 각각 아산과 화성[4]에 새로운 자동차 사업장을 만들었으며 연구소도 화성 남양 지역에 있다. IMF의 원인이라 할 수 있는 한보철강의 당진제철소[5]도 여기에 있다. 교통안전공단의 자동차

---

3   경기도 화성시, 오산시, 평택시 및 충청남도 서산시, 당진시, 아산시, 천안시.
4   실제 기아자동차 화성공장은 초창기 명칭이 아산만공장이었다.

안전연구원도 이 일대에 자리 잡는다. 이에 따라 자동차 부품 공업, 철강업 등 유관 기업들도 이 일대에 자리 잡게 된다. 반도체 기업 또한 이 일대에 개별적으로 자리 잡고 있다. 이미 1980년대 신문 기사를 보면 대기업들이 구미의 계획 입지가 아니라 이천(현대[6]), 평택(금성[7]), 용인(삼성) 등 개별적으로 입지를 자리 잡은 것이 확인된다.[8,9] 정부 주도로 부지를 계획해 산업 단지를 조성한 게 아니라 각 기업이 개별적으로 자리 잡았으니 유관 기업들 역시 개별 입지로 난립하게 된다.

공장 난개발의 결과 아산만 권역은 오늘날 단연 한국 제1의 공업 지역이 되었다. 반도체, 철강, 자동차, 석유 화학 등 조선업을 제외한 모든 한국의 핵심 산업 인프라는 이곳에 있으며, 이는 일자리 숫자로도 확인이 된다. 아산만 권역에서 가장 핵심적인 경기도 화성시의 일자리 숫자는 57.5만 명으로 울산광역시의 전체 일자리 숫자인 56.4만 명보다 많다.[10] 광업 및 제조업의 취업자만으로 따지면 울산보다도 40%나 많다.[11] 한국의 산업 수도는 더 이상 울산이 아니다.

---

5   오늘날 현대제철 당진제철소.

6   오늘날 SK하이닉스.

7   오늘날 LG.

8   "구미 실리콘밸리 백지화", 《매일경제》, 1983년 8월 12일 자, 7면.

9   "국회 常任委(상임위) 보고-질문 내용 〈15일〉", 《조선일보》, 1983년 11월 16일 자, 3면.

10   국가통계포털. "지역별고용조사/시군구/성/연령별 취업자(근무지기준)"(2021년 하반기 기준).

11   울산의 광·제조업 취업자는 17만 7000명이지만, 화성시의 경우 25만 명이다.

그림 3-4 아산만 일대의 주요 도시/주거지 및 공업지역 위치 현황

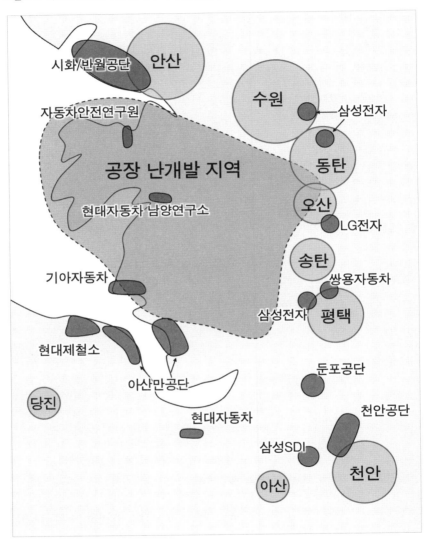

그림 3-5 울산 일대의 주요 도시/주거지 및 공업지역 위치 현황

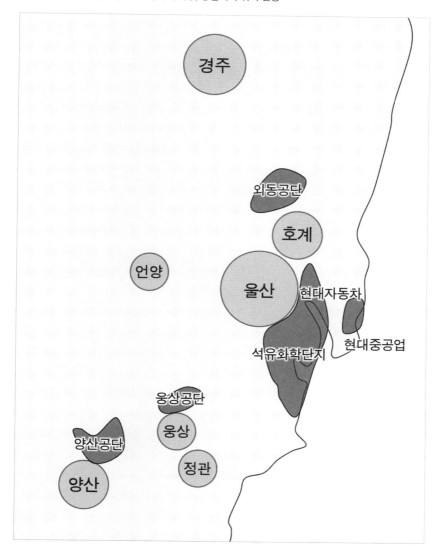

문제는 이 공장들의 위치다. 포항 및 울산과 같이 정부 주도로 도시 계획이 진행된 공업 지구와 달리, 오늘날 이 일대는 극심한 공장 난개발에 휩싸여 있다. 동일 축척의 지도인 〈그림 3-4〉와 〈그림 3-5〉를 비교해 보자. 울산에 있는 현대자동차나 석유 화학 단지는 주거 및 상업 지역에 바짝 붙어 있다. 〈그림 3-3〉에서 확인할 수 있는 포항의 철강 공단도 도심에 붙어 있는 형태다. 그러나 아산만 권역은 이와 다르다. 전자 산업을 제외하면, 현대/기아자동차나 제철소는 모두 도시 지역에서 멀리 떨어져 있다. 심지어 석유 화학 단지의 경우 지도 바깥쪽에 있을 정도로 멀다. 화성시의 일자리는 울산보다 많지만 인구는 적어 외부의 유입 통근에 의존해야 함과 동시에, 도시 내의 인구 또한 70% 이상이 동탄 신도시 등 동쪽의 수원과 연접한 지역에 몰려 있어, 서쪽에 주로 형성된 공업지역의 직주 근접이 불량하다.

심지어 난개발로 공장이 들어선 까닭에 교통망도 제대로 정비되지 못했다. 경기도 화성시는 공장의 90%가 계획 입지가 아닌 개별 입지에 지어졌다.[12] 〈그림 3-6〉은 그 개별 입지의 공장들이 어디에 들어섰는지를 보여주는 위성 사진이다. 화성시에는 산과 들의 조그마한 공간마다 공장들이 빽빽이 들어서 있다. 토지 사용 계획 없이 무분별하게 공장이 지어졌으니 철도는커녕 도로조차 제대로 닦이지 않았다.

2.3절에서 우리는 제조업 지역의 통근 문제를 대중교통으로 해결하

---

12 신창균, "화성시, 공장 계획입지 비율 제주도에 이어 전국 꼴찌", ≪중부일보≫, 2018년 10월 22일 자.

그림 3-6 경기도 화성시 일대의 공장 난개발 현황, 제대로 된 계획 없이 토지 사용이 이뤄
지고 있음을 확인할 수 있다.

주: 실제 서비스 이미지와 다를 수 있음.
자료: ⓒ 네이버, SPOT, 국토지리정보원(네이버지도, https://map.naver.com).

기에는 낮은 일자리 밀도로 인해 쉽지 않다는 점을 짚었다. 그러나, 이 일대에 하나의 지자체에만 20만 명이 넘는 제조업 노동자가 일할 공장이 난개발될 동안, 이를 뒷받침할 직주 근접형의 도시는 제대로 조성되지 못했으며, 핵심 철도 간선망은 도로망도 제대로 확보하지 못한 상태에서 공장들이 우후죽순 들어섰다. 즉, 제조업 기업들이 싼 땅값의 이득은 가져가면서 통근에 대한 부담은 노동자들에게 전가하는 일이 벌어지고 있는 셈이다.[13]

물론, 이러한 공장 스프롤 현상이 아산만 권역에만 국한되는 것은 아니다. 경기 김포, 고양, 파주 등 수도권 북부, 경남 김해, 경북 경주 등 남동 임해 공업 지역에서도 이러한 일이 벌어지고 있기 때문이다. 그러나 아산만 권역에는 공장 스프롤에 더해 절대적인 통근 거리의 문제도 동시에 발생하고 있다. 이 일대에 자리 잡은 기업들은 대부분 서울과의 접근성이 뛰어나다는 점을 강조하고 있으며 이는 위에서 인용한 신문 기사에서도 확인된다. 이 지역 사업장들의 적잖은 인력들이 서울에서 출근하고 있는 건 통계상으로도 드러나는데, 〈표 3-5〉에서 보듯 아산만 권역에서는 서울로 출근(또는 등교)하는 사람보다 서울에서 아산만 권역으로 출근(또는 등교)하는 사람이 더 많다. 그러나 이 일대와 서울 간의 통근은 여간 만만한 것이 아니다. 3.4절에서 자세히 나오겠지만 통

---

13 2014년 기준으로 경기 화성의 산업단지 토지가격은 반월, 시화, 남동공단 등 전통적인 경인지역 공단 토지가격의 1/3에 불과하다. 안재광, "화성 근로자 10명 중 7명이 자가용 출퇴근…대중교통 이용 4.4% 그쳐", ≪한국경제≫, 2014년 1월 28일 자.

표 3-5 서울·아산만 권역 간 통근·통학 실태(2015년 기준)

도시명	서울로 통근·통학 (아산만 권역 거주)	서울에서 통근·통학 (아산만 권역 종사)
경기 화성시	18,110명	25,566명
경기 오산시	5,353명	4,061명
경기 평택시	5,527명	9,347명
경기 안성시	1,932명	5,989명
경기 이천시	2,558명	8,173명
충남 천안시	4,703명	13,538명
충남 아산시	1,676명	5,200명
충남 당진시	279명	2,045명

주: ① 거주 및 종사하는 지역이 미상(시군구 기준)일 경우 제외. ② 경기 이천시는 아산만 권역이라
고 하기 어려운 점이 있으나 해당 권역에 인접한 점을 고려해 포함해 나타내었다. ③ 충남 천안
시의 경우 대학생 통학의 영향이 클 수 있다.

자료: 국가통계포털. "인구총조사/인구부문/현 거주지별/통근통학지별 통근통학 인구(12세 이상)-
시군구"(2015년 기준).

상적인 한국 대도시 주민의 통근 반경은 25km 내외에서 그치며, 이 통
근 한계를 서울시청이 아닌 강남 일대를 기준으로 하더라도 수원이 그
한계선이다. 즉, 서울과의 접근성이 중요했다면 장시간 통근을 부추길
수 있는 이 일대의 개발은 오히려 막았어야 했다. 비계획적인 토지 사용
에 더해 불충분한 수도권 규제가 사회 전체적으로 장시간 통근을 부추
긴 셈이다.

3 과도하게 분산된 서울의 도시 구조 문제

앞선 3.1절에서 3차 산업의 낮은 생산성을 언급했지만 그렇다고 모든 3차 산업이 저소득인 것은 아니다. 3차 산업이라 할지라도 IT 산업을 위시한 과학 기술, 정보 통신 등과 같은 고소득을 받을 수 있는 직장이 존재한다. 공무원은 대기업만큼의 소득은 아니지만 안정성이라는 장점이 있는 직장이다. 제조업 대기업의 사무직들은 2차 산업으로 분류되지만 도심의 입지에 있는 산업들이다. 따라서 도심 입지형 일자리들도 교통망을 잘 구축할 수 있는 위치에 있다면 통근 시간의 단축에 이바지할 수 있다.

3절부터는 한국의 도시, 그중에서도 서울과 해외의 도시 구조를 비교해 볼 것이다. 이 도시들의 구조를 보면서 확인할 것은 도심, 부도심 등 기타 주요 지역, 여기에 만약 수도라면 정부 부처의 위치이다. 장거리 이동을 뒷받침하는 대규모 교통 집적 시설[14]의 위치도 확인해 볼 필요가 있다. 또한 상대적인 비교인 만큼 비교가 쉽도록 5km 반경의 원을 지도에 같이 표시했다. 이 5km는 기본적으로 인간의 걷는 속도(4km/h)로 1시간 만에 주파가 가능한 거리에 도시마다 지형적 이슈를 고려해 1km의 여유분을 추가한 거리로 자전거로는 통상 15~20분, 도시 철도로는 보통 10분 내외에 주파가 가능한 거리이다.

상대적으로 작은 규모의 도시부터 차근차근 보자. 먼저 베를린이다.

---

14   여기서는 장거리 철도역과 공항의 위치만 확인한다.

그림 3-7 베를린의 개략적인 도시 구조

주: 실제 서비스 이미지와 다를 수 있음.
자료: Google, Image Landsat Copernicus.

베를린의 도시권 규모는 500만을 조금 넘는 정도로, 서울보다는 작으나 부산, 대구보다는 큰 규모다. 이 도시는 약 40년간 분단되는 시기를 겪었음에도 중앙역[15]과 동역 사이의 좁은 지역 안에 알렉산더Alexander 광장, 포츠다머Potsdamer 광장 등 도심이 매우 좁은 지역에 집적되어 있다. 정부 기관들 역시 대다수가 중앙역~알렉산더 광장 사이에 있으며, 특히 연방 의회와 중앙역은 1km도 떨어져 있지 않다. 중앙역과 동역을 보조하기 위해 도심으로 들어오는 주요 지점에도 보조 교통 집적 시설들이 방향별로 갖추어져 있다. 공항의 경우 근래에 브란덴부르크

---

15   여기서는 Hauptbahnhof를 중앙역으로 번역했다.

그림 3-8 파리의 개략적인 도시 구조

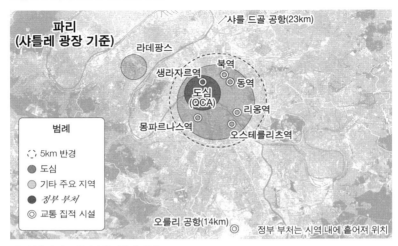

주: 실제 서비스 이미지와 다를 수 있음.
자료: Google, Image Landsat Copernicus.

Brandenburg 공항으로 통합하면서 도심과 가까운 템펠호프Tempelhof 공항과 테겔Tegel 공항을 폐쇄했지만, 브란덴부르크 공항도 도심에서 22km 정도 떨어져 있는 정도로 가까운 편이다.

이번에는 도시 규모를 훨씬 키워 권역 인구 1200만의 파리Paris를 보자. 흥미롭게도 파리의 시 경계는 샤틀레Châtelet 광장[16]을 중심으로 한 5km 반경 원과 거의 일치한다.[17] 이런 까닭에 주소가 파리인 시설들은

---

16 샤틀레 광장의 센(Seine)강 건너편이 노트르담(Notre-Dame) 성당이 있는 곳으로 알려진 시테(Cité)섬이다.

17 5km 원 밖으로 나간 지역은 남서쪽 일부 시가화 구역을 제외하면, 볼로뉴(Boul-ogne) 공원과 뱅센(Vincennes) 공원이다.

표 3-6 파리 주요 지역 일자리 밀집 현황

주요 지역	일자리 수(명)	면적(단위: km²)	비고
QCA(파리 1, 2, 8, 9구)	41.6만	8.9	
파리 3, 4구 (파리 중앙구 중 1, 2구 제외)	7.3만	2.8	
파리 기타 구	131.0만	93.8	
라데팡스 4개 코뮌 (퓌토, 쿠르브부아, 낭테르, 라가렌콜롱브)	26.7만	21.3	

자료: INSEE. "Emploi-Activite en 2016 Recensement de la population"(2016년 기준).

모두 5km 원 안에 있다 봐도 크게 어긋남이 없다. 대형 철도역들은 프랑스 각 방향으로 뻗어 나가기 쉽도록 샤틀레에서 3km 내외로 떨어진 곳에 방향별로 위치해 있으며, 공항은 남쪽에는 오를리Orly 공항이, 북쪽에는 샤를 드골Charles de Gaulle 공항이 각각 14km, 23km 정도 떨어진 곳에 있다.

어떤 사람은 고층 건물이 즐비한 라데팡스La Défense로 파리가 실질적인 파리의 도심 기능을 수행하는 것이 아니냐고 생각할 수도 있다. 하지만, QCA[18]라고 불리는 파리의 중심 업무 지구는 라데팡스 지역이 아닌 샹젤리제Champs-Élysées 거리를 위시한 1, 2, 8, 9구 지역[19] 이며 실제로도 이 지역에서 일하는 사람의 수가 라데팡스를 낀 네 개의 코뮌보다 더 많다. 오히려 QCA에 속하지 않은 파리의 나머지 중앙구 지역인 3, 4구

---

18   QCA는 중심 업무 지구를 프랑스어로 쓴 Quartier Central des Affaires의 약자이며, 영어의 Central Business District의 의미이다.

19   QCA는 16, 17구에도 걸쳐 있으나, 상대적으로 해당 구에서 좁은 지역만을 차지해 제외한다.

그림 3-9 뉴욕의 개략적인 도시 구조

주: 실제 서비스 이미지와 다를 수 있음.
자료: Google, Image Landsat Copernicus.

의 일자리 밀도 역시 파리 내에서 QCA 지역 다음임을 고려하면, 파리 역시 베를린과 흡사한 도시 구조를 가진 편이다.

약 2000만 명의 뉴욕 도시권CBSA, Core-Based Statistical Area의 핵인 맨해튼Manhattan 일대 역시 대단히 집약적인 도시 구조를 갖추고 있다. 월스트리트Wall Street 등이 있는 로어 맨해튼Lower Manhattan을 중심으로 놓고 볼 때 대형 교통 시설이나 타임스퀘어Time Square, 유엔(UN) 본부 등이 있는 미드타운Midtown은 5km 남짓 떨어져 있을 뿐이며, 브루클린 다운타운Brooklyn Downtown 같은 곳조차도 강 건너에 있을 뿐 직선거리로는 미드타운보다 더 가까이 있다. 다만, 대형 교통 집적 시설이 로어 맨해튼에 없는 관계로, 펜Penn역과 그랜드센트럴Grand Central역을 끼고 있

그림 3-10 도쿄의 개략적인 도시 구조

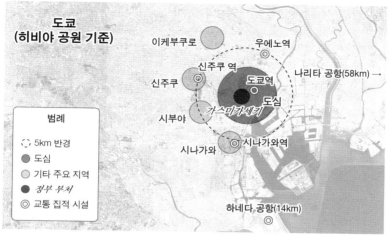

주: 실제 서비스 이미지와 다를 수 있음.
자료: Google, Image Landsat Copernicus.

는 미드타운이 보완해 주는 역할을 하고 있다. 항공 교통의 경우 JFK 공항 등 3개의 공항이 10~20km 범위에 위치해 뉴욕의 장거리 교통을 보조하고 있다.

가장 마지막으로 살펴볼 해외 대도시는 약 3500만 명의 인구를 자랑하는 도쿄 도시권이다. 도쿄 도시권은 한국의 수도권(인구 약 2500만 명)보다도 40%나 인구가 많아 선진국 중에서는 가장 큰 규모를 자랑한다. 이 초거대 도시는 지금까지 봐온 도시 구조 중 가장 교과서적인 구조를 보여주고 있다. 도심 한복판의 도쿄역 주위로는 고층 오피스 건물들이, 정부 기관은 남서쪽의 가스미가세키霞が関에, 쇼핑 공간은 남동쪽의 긴자銀座에 집약적으로 조성되어 있다. 신주쿠新宿나 시부야渋谷 등 거대한

표 3-7 서울 주요 지역 일자리 밀집 현황

주요 지역	일자리 수(명)	면적(단위: km²)	비고
서울 강남구 (참고: 강남구 및 서초구)	81.1만 (117.1만)	39.5 (86.5)	
서울 종로구 및 중구	63.7만	33.9	
서울 영등포구 및 마포구	67.0만	48.4	

자료: 국가통계포털. "지역별고용조사/시군구/성/연령별 취업자(근무지 기준)"(2021년 하반기 기준).

규모의 부도심들은 도심으로 들어오는 교통 결절점에 형성되어 있으며 대체적으로 도심에서 5km 정도 떨어진 위치에 자리 잡고 있다.

그러면 서울은 어떤 구조를 가지고 있을까? 우선 살펴봐야 하는 건 서울의 도심이 어디냐이다. 적잖은 사람들이 사대문을 중심으로 한 전통적인 서울의 도시 구조를 떠올리는 경우가 많을 것으로 생각되나 최근에는 이를 많이 벗어난 형태를 보인다. 〈표 3-7〉에서 보다시피 현재는 강남구 단독만으로도 사대문(종로구 및 중구 일대, 이하 기존 도심), 영등포(영등포구 및 마포구)의 일자리 숫자와 비슷하다. 손정목은 저서 『서울 도시계획 이야기 3』에서 1997년 기준으로 여전히 기존 도심의 우위 구조로 판단했으나,[20] 20년 이상의 시간이 흘러 간 지금은 강남 우위의 구도로 바뀌었다. 때문에 오늘날 서울의 최대 도심은 강남으로 봐야 정확하다. 이곳을 대표할 만한 위치로 강남역과 삼성역의 중간쯤에 있는 위치(역삼동, 테헤란로47길과 테헤란로의 교차점, 이하 편의상 역삼동 또는 센터필드사거리로 표기)를 기준으로 해 서울의 구조를 살펴보자.

---

20   손정목, 『서울 도시계획 이야기 3』(한울, 2003), 365쪽.

〈그림 3-11〉은 강남을 중심으로 한 서울의 도시 구조다. 서울의 구조는 앞서 언급된 도시들과 달리 독특한 구조를 가지고 있다는 것을 확인할 수 있을 것이다. 도쿄의 부도심인 신주쿠와 시부야나 뉴욕의 브루클린 다운타운이 5km 내외에서 오밀조밀하게 모여 있지만 서울은 기존에 봐왔던 도시들과는 다르게 분산된 구조를 가지고 있다. 사대문과 영등포, 홍대뿐만 아니라 최근 개발된 판교 역시 전부 강남에서 상당히 떨어져 있다. 만약 도쿄를 여행하면서 긴자에서 신주쿠나 시부야로 이동하는 것이 강남에서 홍대까지 가는 것보다 쉽다는 느낌이 들었다면 그것은 단순 느낌이 아니라 실제였을 가능성이 크다.

심지어 강남에는 고속버스터미널을 제외하면 대형 교통 집적 시설이 갖추어지지 않았다. 서울역, 용산역은 물론이거니와 수서역조차도 강남의 외곽에 있다. 그나마 삼성역까지 SRT를 끌어와야 한다는 의견이 나오고 있지만 GTX 등과의 시설 공유 등 한계가 많아 다수의 SRT가 진입하기는 힘든 상황이다.

공항과의 접근성도 좋지 않은 편이다. 강남에서 김포공항까지의 거리는 20km 정도로 대도시들의 주력 공항들과 비슷한 접근성을 보이지만, 김포공항은 국내선 위주의 공항이다. 국제선을 처리하는 공항인 인천공항은 무려 53km나 떨어져 있는데, 이는 도쿄의 나리타成田 공항과 비슷한 수준의 접근성(직선거리 58km)이다. 일본에서는 나리타 공항의 접근성이 국가 경쟁력을 저하하는 요소로 진지하게 논의되고 있지만[21]

---

21   최근 하네다(羽田) 공항의 국제선 기능이 강화되는 것도 이러한 논의에서 기인

그림 3-11 강남을 중심으로 한 서울 지역의 개략적인 도시 구조

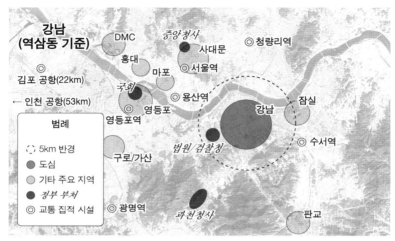

주: 실제 서비스 이미지와 다를 수 있음.
자료: Google, Image © 2023 Maxar Technologies, Image © 2023 Airbus.

한국은 이에 대한 논의가 매우 적다.

정부 시설 역시 집중되어 있지 못하다. 국회는 여의도에, 대법원 및 대검찰청은 강남에, 행정부는 강남 근교의 과천 청사에 있거나 있었다.[22] 오늘날 세종으로의 행정부처 이전이 서울·세종 간 이동 시간 때문에 비효율적이라는 의견들이 많지만,[23] 한국의 공직자들은 서울에 있었

한다.

22 세종으로 행정부 기능이 이전하기 전 기획재정부, 산업자원부, 국토교통부 등 굵직한 경제 부처들은 대다수 과천 청사에 위치하고 있었다.

23 이에 대해서는 5절에서 좀 더 서술한다.

표 3-8 해외 도시 주요 지역 일자리 밀집 현황

주요 지역	일자리 수(명)	면적(km^2)	비고
도쿄 도심 3구 (주오, 지요다, 미나토구)	268.7만	42.2	민영 업체 한정
도쿄 신주쿠구	65.1만	18.2	
도쿄 시부야구	51.6만	15.1	
오사카 4구 (기타, 주오, 니시, 후쿠시마구)	116.0만	29.1	
뉴욕 맨해튼	235.5만	59.1	
런던 3구 (시티오브런던, 캠든, 웨스터민스터)	176.8만	46.2	
런던 타워햄릿구(카나리 워프)	32.0만	19.8	
파리	181.6만	105.4	

주: 맨해튼의 면적은 육지부에 한한다.
자료: ① 도쿄, 오사카: 日本 政府統計の総合窓口(e-Stat). 経済センサス-活動調査. "産業(小分類)別民
営事業所数及び従業者数 — 全国, 都道府県, 市区町村"(2016년 기준). ② 뉴욕: United States
Census Bureau. "Quick Facts"(2020년 기준). ③ 런던: London Datastore. "Jobs and Job
Density, Borough"(2020년 기준). ④ 파리: J. Martin & L. Pichard. 2021. "Près de 60 %
des actifs travaillant à Paris ne résident pas dans la capitale." INSEE.

을 때도 파리, 런던, 워싱턴Washington, 도쿄의 공직자들과 달리 이동에
많은 시간을 소비할 수밖에 없었을 것으로 보이며 이는 업무 효율의 저
하를 불렀을 것이다.

그렇다면 도심의 규모는 어떨까? 파리와 비슷한 도시권 규모를 자랑
하는 런던은 강남구보다 약간 큰 면적에 180만 개의 일자리가 몰려 있
다. 뉴욕의 맨해튼에는 무려 240만 명이 일을 한다. 눈에 띄는 것은 오
사카다. 오사카의 광역권(도시 고용권 기준) 인구는 1200만 명을 약간 웃
도는 정도로 한국 수도권의 절반에 불과하지만 도심의 집적도는 훨씬
높아 30km^{2}가 채 안 되는 면적에 공무원을 빼고도 120만 명이 일을 하

고 있다. 서울이 양적으로는 팽창했을지 모르나 고밀도 도심을 구축하는 데는 오사카보다도 밀려 있는 상황이다.

이러한 서울의 도시 구조는 대중교통망을 짜기 어렵게 만듦과 동시에 시민들이 만족하기 힘들게 만든다. 첫째, 분산된 도심으로 인해 양적으로는 너무 많은 교통망을 설치해야 한다. 우리는 제2장에서 여러 이유로 인해 하나의 공간이 다양한 기회를 가지되 이 공간으로 소수의 교통망을 갖추는 것이 현실적임을 살펴본 바 있다. 그러나 서울은 다양한 기회가 여러 공간에 분산해 있다. 그렇게 강남, 사대문, 영등포로 향하는 대중교통망을 따로 확보하다 보면, 반대로 각 도심 지역의 대중교통망 밀도는 떨어질 수밖에 없다.

둘째, 반면에 질적 투자 및 효율은 떨어지게 된다. 해외의 대도시라면 하나의 광역 철도를 이용할 수요가 서울은 사대문, 영등포, 강남 방향별로 분산이 되면서, 노선 각각에 대한 수요가 줄어들면서 급행의 공급 등 다층적인 대중교통 체계를 구축하게 어렵게 만든다. 경우에 따라서는 수요 부족으로 인해 노선 자체를 짓지 못하는 경우도 발생한다.

첫 번째의 예로 서울과 오사카를 비교해 보자. 〈그림 3-12〉는 오사카 도심에서 뻗어 나가는 도시 및 광역 철도망을 나타낸 것이다. 오사카는 단핵 도심을 중심으로 약 20개의 방향으로 도시 및 광역 철도가 뻗어 나가고 있다. 서울 광역 교통망의 투자 시기와 오사카 광역 교통망 투자 시기에는 차이가 있지만, 20개의 방향이면 모든 노선들이 도심을 관통한다는 전제하에 약 10개 정도의 노선(순환선이 하나 있다면 11개)에 상응하는 규모로 서울의 도시/광역 철도 노선 수[24]와 비슷하다. 즉, 전체

그림 3-12 오사카 도심으로 진입하는 도시/광역 철도망의 개략적인 형태

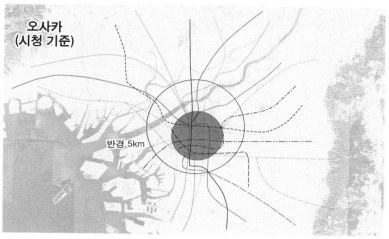

주: 실제 서비스 이미지와 다를 수 있음.
자료: Google, Image © 2023 Maxar Technologies, Image © 2023 Airbus

적인 규모는 서울이나 오사카나 비슷하다 할 수 있다. 하지만 그 노선의 집적도에서는 차이가 있다. 오사카의 경우 외곽 지역에서 도심으로 향하는 도시/광역 철도 노선이 촘촘하게 들어선 반면, 서울의 경우 강남, 사대문, 영등포 등지를 모두 신경 쓰면서 노선을 구축해야 하므로 〈그림 3-13〉과 〈그림 3-14〉과 같이 듬성듬성 노선이 들어서게 된다. 그나마 도시 철도 계획 초창기부터 도시 구조가 갖추어진 사대문은 노선의 밀도는 떨어지더라도 방사망 형태의 도시/광역 철도망을 갖추었지만 강남의 경우 굴곡도가 있는 노선들이 보이는 편이다.

---

24   수도권 1~9호선 및 분당선, 경의중앙선(경전철 및 공항철도 제외).

그림 3-13 사대문과 1~5호선의 개략적인 노선 형태

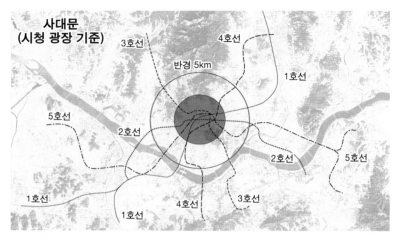

주: 실제 서비스 이미지와 다를 수 있음.
자료: Google, Image Landsat Copernicus.

그림 3-14 강남으로 진입하는 도시/광역 철도망의 개략적인 형태

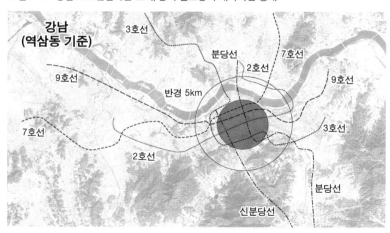

주: 실제 서비스 이미지와 다를 수 있음.
자료: Google, Image © 2023 Maxar Technologies, Image © 2023 Airbus

그림 3-15 도쿄의 개략적인 방사 대중교통망 현황

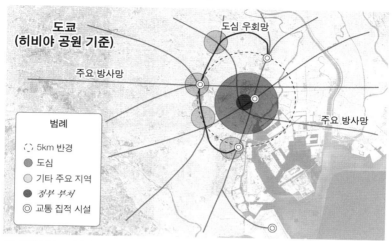

주: 실제 서비스 이미지와 다를 수 있음.
자료: Google, Image Landsat Copernicus.

　두 번째의 예는 서울의 사대문, 영등포·마포와 비슷한 규모의 부도심이[25] 있는 도쿄와 비교해 보자. 〈표 3-8〉에서 보듯 도쿄의 경우 도심을 1극 체제로 해 5km 내외에 떨어져 있는 신주쿠, 시부야, 시나가와[品川] 등지에 부도심이 발달해 있다. 따라서 〈그림 3-15〉처럼 도심을 중심으로 방사형의 간선 교통망을 설치하고, 부도심 간의 이동은 도심 외곽 우회 교통망, 소위 순환망에 맡기면[26·27] 외곽의 어느 지역 주민이든 방사

25　신주쿠구, 시부야구.

26　도쿄의 순환 철도인 야마노테(山の手)선의 서부 구간이 정확하게 이에 해당한다.

27　도쿄의 부도심들은, 부도심이 먼저 형성되고 우회망이 건설된 게 아니라, 우회망

그림 3-16 현재 서울의 구조에서 요구되는 망

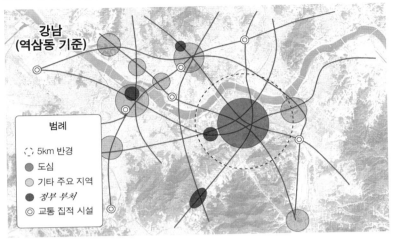

주: 실제 서비스 이미지와 다를 수 있음.
자료: Google, Image © 2023 Maxar Technologies, Image © 2023 Airbus.

망과 순환망만을 이용해 도쿄의 그 어느 지점이든 용이하게 접근할 수 있다. 투자해야 할 교통망 자체가 적으니, 기초적인 망을 확보하면 급행 투입, 고속화 등의 질적 교통망 투자로도 쉽게 넘어갈 수 있다.

하지만 서울의 경우 그런 구조가 아니다. 엇비슷한 크기의 강남, 사대문, 영등포·마포가 도쿄의 도심·부도심 간의 거리보다 2배 떨어져 있으며 여기에 구로/가산 디지털 단지 등의 거점도 따로 있다 보니, 각각에

인 야마노테선이 건설되고 그에 따라 부도심의 위치가 영향을 받았다. 이는 도쿄는 도심공영주의 정책으로 인해 사기업 철도 회사가 야마노테선 안쪽으로 진입하는 것을 막았기 때문이며, 이에 따라 철도 회사의 터미널역이 설치된 야마노테선 연선이 자연스레 부도심으로 성장했다.

대한 방사망이 따로 필요하다. 목적지가 너무 다양하다 보니 그에 맞추어 인프라의 요구량도 그만큼 늘어나게 된다. 요구량이 늘어난 만큼 양적 투자에 바빠지니 혼잡 감소를 위한 추가 노선 건설이나 급행 노선의 건설 등 질적 투자로 넘어가기 힘들어진다.

결국 서울의 경우, 다핵 도심으로 인해서 요구되는 대중교통망의 거리는 긴데, 정작 대중교통망의 효율이 떨어지는 고민을 안게 된다. 반면 지방 입장에서는 서울의 대중교통망이 양적으로 충분히 투자되었음에도 왜 지속적으로 투자가 되어야 하는지 의문을 표할 수 있다. 수도권 주민이든 비수도권 주민이든 각자의 사정에서 교통 투자에 대한 불만이 생기게 된다.

4 수도권 내의 강남 접근성 문제

서울의 도심 기능이 이리저리 흩어진 와중 그나마 규모가 가장 큰 곳은 강남이다. 따라서 강남에서 창출하는 서비스나 재화는 전국에서 가장 높은 차수라고 할 수 있으며, 수도권뿐만 아니라 지방에서도 인구 규모 등의 한계로 유치하기 힘든 서비스나 재화는 강남에 의존할 수밖에 없는 부분이 존재한다. 수도권 지역 주민들이 요구하는 GTX 신설이나 연장, 지방 주민들의 SRT 노선 유치 등에서 발생하는 강남 접근성 문제는 사대문에서 강남으로 옮겨진 서울의 도심이 그 원인이며, 각 지역에서 강남으로 가는 교통망을 유치하려는 것은 지역 주민의 무리한 요구가 아니라 자연스러운 현상으로 봐야 한다.

이러한 강남으로의 도심 이전이 거시적인 측면에서 보았을 때 수도권 내든 전국 단위든 접근하기 편리한 곳으로 옮겨 간다면 장기적으로는 사회 전체적인 이동 거리를 줄이게 되므로 전반적으로는 도움이 될 수 있다. 실제로 부산, 광주, 대전의 경우 산악과 바다를 낀 구도심에서 서면, 상무 지구, 둔산 등 시민들 전체적으로 접근하기 쉬운 지리적 중심지로 도심 기능이 옮겨 갔거나, 옮겨지는 추세다. 그렇다면 강남 방향으로의 도심 이전이 이러한 방향에 부합했는지 먼저 수도권 단위에서 한 번 살펴보자.

먼저 우리가 살펴봐야 할 것은 사람이 어느 정도 범위까지 생활권으로 활동할 수 있느냐다. 통상적인 일상생활에서 가장 잦은 이동 행위는 집으로 돌아오는 귀가를 빼면 출근과 등교다. 따라서 이를 이용하면 도시 하나의 생활권을 대략적으로 확인할 수 있다. 소위 도시권 또는 광역권이라고 말하는 지역이다. 세계 여러 나라들은 이러한 도시 권역에 대한 기준이 있으며 한국 역시 '대도시권 광역교통 관리에 관한 특별법'에서 광역권에 대한 범위를 지정하고 있다.

다만 현재 우리나라의 법령 체계는 전체 도시권에 대해 보편적인 기준을 이용해 도시권을 획정한 게 아니다. 때문에 외국의 도시권 획정 방식을 참조해 이를 한국의 상황에 맞게 적용한 김지수[28]의 방식을 응용

---

28   김지수, 「광역교통정책을 위한 도시권 획정」, ≪교통 기술과 정책≫, 제18권 제
      2호(2021.4), 7~17쪽.

표 3-9 대도시와의 통근·통학 유입률·유출률 20% 이상, 교환율 25% 이상 기초지자체(2015)

도시명	기준점	유입률 20% 이상	유출률 20% 이상	교환율 25% 이상
서울	센터필드 사거리	고양, 과천, 광명, 구리, 김포, 남양주, 부천, 성남, 안양, 의왕, 의정부, 하남	과천, 하남	군포
부산	서면교차로		양산	김해
대구	중앙네거리		경산, 고령, 성주, 칠곡	
광주	광주시청		곡성, 나주, 담양, 장성	화순
대전	대전시청		계룡, 금산	

주: 유입률 또는 유출률 20% 이상 만족 시 교환율 25%는 만족해도 미표기함.
자료: 국가통계포털. "인구총조사/인구부문/현 거주지별/통근통학지별 통근통학 인구(12세 이상)-
    시군구"(2015년 기준).

할 필요가 있다. 미국의 도시권CBSA 기준을 응용한 이 도시권 획정 방식
은 전국 통근 통학자 중 약 20%가 외부 지자체로 통근한다는 것을 이용
해 이를 도시권 획정의 기준으로 삼았다. 이를 이용해 각 지역의 거점
도시(서울, 부산, 대구, 광주, 대전)에서 외부 지자체로의 유출률,[29] 유입
률[30]이 20%가 넘는 지자체를 골라내면 〈표 3-9〉와 같아진다. 여기서는
일부 보완을 위해 교환율[31]이 25%가 넘는 지자체를 같이 제공한다.

   유입률과 유출률을 이용해 비수도권 대도시를 분석하면 각 대도시의

---

29   거주 통근·통학자 중 거점 도시로 출근·등교하는 사람의 비율.
30   종사 통근·통학자 중 거점 도시에서 들어오는 출근·등교자의 비율.
31   유출률과 유입률의 합, 최대 200%까지 가능.

그림 3-17 국회(영등포) 반경 25km 원과 수도권 각 지역의 위치

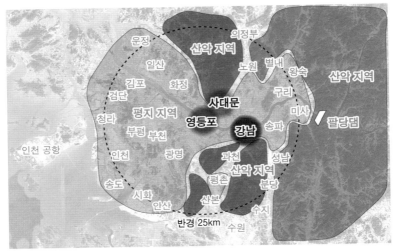

주: 실제 서비스 이미지와 다를 수 있음.
자료: Google, Image © 2023 TerraMetrics, Image © 2023 Maxar Technologies, Image © 2023 Airbus

시청을 기준으로 해 군청은 30km 안쪽에, 시청은 25km 안쪽에 있으면 대도시권으로 포섭되는 경향이 있다. 군 단위는 상대적으로 인구가 적어서 약간의 통근자만으로도 유입 및 유출률이 크게 오르므로 25km가 도시와 직접 생활권을 공유하는 한계선이라 할 수 있다.[32]

이제 경인 지역[33] 일대를 〈그림 3-17〉과 함께 보자. 이 일대에서 주

---

32   25km 범위에서 있으면서 대도시권에 포섭되지 않은 유일한 예외는 세종시뿐인데, 이는 2015년 당시 세종시가 개발 중이었으며 전통적인 세종시의 중심지인 조치원읍은 대전에서 28km 지점에 있음을 고려해야 한다.
33   서울과 인천을 중심으로 한 지역.

그림 3-18 경인 일대의 실제 개발 가능한 공간과 강남의 입지

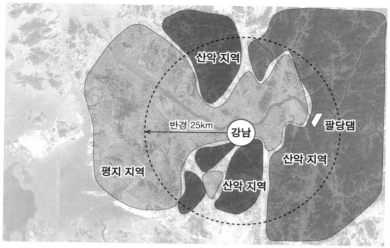

주: 실제 서비스 이미지와 다를 수 있음.
자료: Google, Image © 2023 TerraMetrics, Image © 2023 Maxar Technologies, Image © 2023 Airbus.

거, 공업, 상업 시설 등으로 개발할 수 있는 토지는 팔당댐 하류에서 청라 지구의 서해 바다까지 직선으로 약 55km 정도의 지역에 국한된다. 재밌게도 이 한가운데에 국회가 있다. 따라서 국회를 중심으로 반경 25km 원을 그리면 경인권에서 개발할 수 있는 대다수 토지가 포함되며, 국회를 위시한 영등포·마포 지구(이하 영등포)가 경인 지역 내의 실제 지리적 중심지라 할 수 있다. 여기를 중심으로 동쪽으로는 산악 지역이, 서쪽으로는 평지 지역이 다수 분포한다.

최대 도심인 강남의 위치는 어떨까? 강남은 그 이명인 영동永東에서 드러나듯이 지리적 중심지인 영등포 일대에서 동쪽으로 10km가량 떨

그림 3-19 강남을 중심으로 방사형 교통망을 설치할 경우

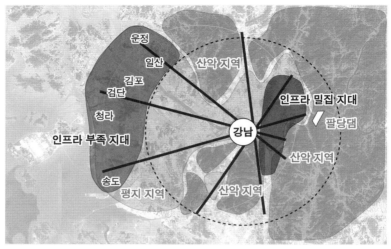

주: 실제 서비스 이미지와 다를 수 있음.
자료: Google, Image © 2023 TerraMetrics, Image © 2023 Maxar Technologies, Image © 2023 Airbus.

어져 있다. 그렇기에 강남을 중심으로 한 25km 반경 내 지역은 〈그림 3-18〉에서 드러나듯 팔당댐 상류, 남한산, 북한산, 청계산, 관악산으로 인해 토지 공급이 제한적인 상황이다.

그러면 강남을 중심으로 한 교통망을 경인 지역에 설치하면 어떻게 될까? 〈그림 3-19〉는 이러한 강남 지역의 입지를 고려해 교통망을 투자할 때 생기는 결과물이며, 교통 인프라가 불균등하게 분배됨을 알 수 있다. 강남과 팔당댐 사이의 좁은 지역은 교통 인프라가 공급되기 쉽지만 팔당댐 상류의 산악 지역을 개발하기는 힘들므로 인프라의 비효율이 생길 수 있다. 이 지역은 최근 들어 도시 및 광역 철도 투자가 집중되

표 3-10 수도권 동서 방향 도시/광역 철도의 최대 혼잡 구간 및 혼잡도(혼잡도가 심한 순서)

노선명	최대 혼잡 구간	혼잡도	강남 대비 위치	비고
9호선	노량진 → 동작	199	서쪽	급행 열차 기준
공항철도	계양 → 김포공항	180	서쪽	
7호선	가산디지털단지 → 철산	153	서쪽	최대 혼잡 시간 18:00~18:30
2호선	사당 → 방배	144	서쪽	최대 혼잡 시간 8:30~9:00
3호선	홍제 → 무악재	140	서쪽	최대 혼잡 시간 8:00~8:30
경의중앙선	화전 → 수색	137	서쪽	
5호선	길동 → 굽은다리	127	동쪽	최대 혼잡 시간 17:30~18:00
1호선	구일 → 구로	123	서쪽	경인선 일반 열차 기준
6호선	동묘앞 → 창신	111	-	최대 혼잡 시간 18:30~19:00
경춘선	갈매 → 신내	109	동쪽	

주: 각 통계에서는 도시 철도와 광역 철도가 구간별로 구분되어 있으므로 운행 계통별로 합쳐서 그 중 가장 혼잡한 구간을 표기함.
자료: 한국철도공사. "2023 철도통계연보/광역철도/수송실적"(2023년 기준); 한국철도공사. "2023 철도통계연보/도시철도/수송실적"(2023년 기준).

는 서울 강동구, 경기 하남·구리·남양주시가, 좀 더 넓게는 분당까지 해당한다.

정작 경인 지역에서 정작 주택 공급을 원활하게 할 수 있는 곳은 강남에서 25km보다 더 서쪽에 있는 고양, 파주, 김포, 인천이다. 이 일대는 1990년대에는 일산 신도시, 중동 신도시가 세워지는가 하면, 2000년 이후에도 운정, 김포 한강, 검단, 청라, 송도 등 대규모 주택 공급이 있었던 지역이다. 동시에 이 일대는 오늘날 출퇴근이 너무 오래 걸린다, 지하철이 너무 혼잡하다는 등 교통망에 대한 불만이 쏟아지는 지역이다. 〈표 3-10〉에서 이러한 부분이 잘 드러난다. 수도권에서 동서 방향으로 뻗은 주요 도시/광역 철도의 혼잡 구간을 보면 5, 6호선 및 경춘선만이 강남 동쪽에 위치하고 있으며, 그마저도 혼잡도가 109~127% 정도다. 반면, 강남 서쪽으로는 가장 혼잡도가 낮은 1호선조차 123%, 가장 심각한 9호선의 경우 199%에 달해 혼잡도가 극심함을 알 수 있다. 그나마 혼잡도는 차량의 증편, 열차의 증량 등을 통해 해결을 시도할 수 있어도, 출퇴근 시간 단축의 경우 물리적으로 한계가 있는데 이는 〈그림 3-19〉에서 보듯 이 일대는 애초부터 강남과 멀리 떨어져 있기 때문이다.

만약 정부가 경인권 서부에 대대적인 주택 공급을 생각하고 있었다면 일자리 역시 이에 따라 이동하는 대책을 내놓아야 했다. 〈그림 3-20〉은 이에 대한 예시이다. 경인권 동부에 집중되는 일자리를 주거 공급 가능 지역의 한가운데에 있는 영등포·마포 지구 일대로 끌어내어 주택 공급지와 일자리 공급지를 되도록 일치시키고, 이 일대의 신도시 주택 공급이 실질적으로 서울의 주택난에 해결할 수 있도록 방향을 잡았어야 했다.

이러한 발상은 사실 오래전부터 있었다. 1960년대 말엽만 하더라도 서울은 도심 자체를 남산, 북악산 등으로 너무 협소한 사대문에서 벗어나서 인천에서 사대문을 잇는 개활지를 개발해야 한다는 의견이 많았다. 영등포, 정확히는 여의도 일대의 개발도 이와 관련된 것이다. 당시 서울시는 지금 여의도에 있는 국회의사당, 증권거래소, KBS뿐만 아니라 대법원, 서울시청 등 웬만한 공공 기관 시설들 모두 여의도로 이전할 계획을 잡고 있었다.[34]

하지만 1970년대부터 정부는 경부 고속 도로의 개통을 기점으로 강

그림 3-20 지리적 중심지인 영등포를 중심으로 방사형 교통망을 설치할 경우

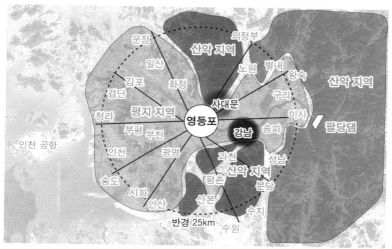

주: 실제 서비스 이미지와 다를 수 있음.
자료: Google, Image © 2023 TerraMetrics, Image © 2023 Maxar Technologies, Image © 2023 Airbus.

남권 개발로 방향을 바꾼다. 2호선의 강남 구간 건설, 코엑스(COEX) 건설, 대법원의 강남 이전 등이 그 예시다. 정부 과천 청사 역시 범강남권으로의 이동에 해당한다. 이러한 일이 딱히 독재 정권에서만 일어난 문제라고 보기도 어렵다. 근래에 들어서 IT 산업에 대한 투자라는 명목하에 강남보다 더 동남쪽인 판교에 또 다른 업무 지구를 형성하고 있기 때문이다. 일자리는 동쪽에서 공급하고 주택은 서쪽에서 계속 공급하면

---

34   이에 대해 자세한 이야기는 손정목, 『서울 도시계획 이야기 1~5』(한울, 2003)를 참고하기를 바란다.

서 오히려 집과 직장 간의 거리를 벌리는 현상을 더욱 부추겼다.

결국 창릉 신도시 계획 발표를 기점으로 해, 수도권 서부의 주민들은 폭발하게 된다. 인천 2호선 일산 연장 등의 백화점식 교통 대책을 내놓았지만, 상식적으로 강남으로 가지 않는 교통망이 이 지역 주민들을 달래긴 무리다. GTX-A의 조기 완공, GTX-D의 건설 및 강남 진입 요구는 이 일대 주민들의 불만 표출에 가깝다. 하지만 해당 교통 대책이 실제 수도권 서부 지역 주민들에게 도움이 될지는 의문이다. 애초부터 거리가 먼 데다가 중간역 감소, 대심도 역사 건설 등으로 인해 개개인의 집이나 직장에서 역까지 접근하는 데에 시간을 너무 오래 쓰도록 만들었기 때문이다.[35]

반면, 고소득의 IT 직군들이 쏠리는 강남을 중심으로 한 경인 동부 지역에서는 서부의 주택 공급 대책이 실질적으로 유효한 정책일지 의문시된다. 이 일대에서 새로이 주택을 공급할 만한 토지조차도 이미 판교, 위례 신도시 등 강남 인접지가 모두 개발되면서 고갈된 형편이다. 즉, 수도권 전체로 보았을 때는 마치 충분한 주택이 공급되는 것처럼 보이지만 실제 사람의 생활 반경을 보았을 때는 수요와 공급이 불일치한 게 아닐지 생각해 볼 필요가 있다.

---

35   이에 대해서는 부록 3A에서 훨씬 더 자세히 기술한다.

5 전국 단위의 강남 접근성 문제

이제는 서울, 수도권을 넘어서서 전국 단위에서 강남의 입지를 살펴보자. 현재 한국은 다른 지역 대도시와 수도권 간의 격차가 크기 때문에 지역 대도시에서 공급할 수 있는 서비스나 재화가 한정될 수밖에 없으므로 수도권에 어느 정도는 의존을 할 수밖에 없다. 기업으로서는 코엑스, 킨텍스(KINTEX) 같은 대규모 회의 시설이 있을 것이고, 개인의 단위에서는 현대미술관이나 예술의전당 같은 문화 시설이 있을 것이다. 또는 정부 기관과 같이 전국에서 하나만 존재할 수밖에 없는 기관도 있다. 즉, 지방 대도시는 서울의 입장에서 2.4절에서 언급한 외부 도시에 해당한다. 한번 강남 소재 기업과 다른 지역 소재 기업의 서울 내의 동선을 살펴보자.

〈그림 3-21〉에서 보듯 현재의 수도권의 공간 배치 구조는 강남을 중심으로 해 사대문, 영등포·마포, 판교(과거에는 정부 과천 청사)가 부도심처럼 자리하고 있다. 그러나 해외 대도시와 비교해 강남의 집적도가 낮고 각 지역까지의 거리는 멀다 보니 서울 내에서 출장을 다니더라도 더 긴 거리와 더 많은 이동 시간을 요구하게 된다.

하지만 지방 소재 기업의 경우 강남 진입에서부터 문제가 발생한다. 3.3절에서 짚었듯 강남 중심에는 장거리를 빠르게 이동할 수 있는 전국 단위의 교통을 처리할 만한 시설이 없는 상황이다. 따라서 지방 소재 기업은 김포 공항이나 서울역에서부터 강남까지 들어가는 것부터 일이 된다. 근래에 들어선 수서역도 강남 중심지와는 거리가 떨어져 있어, 기

그림 3-21 강남 소재 기업의 서울 내 이동

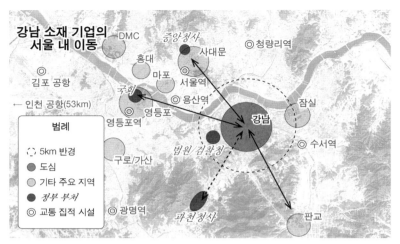

주: 실제 서비스 이미지와 다를 수 있음.
자료: Google, Image © 2023 Maxar Technologies, Image © 2023 Airbus.

존의 서울역이나 김포 공항보다 조금 나을 뿐 여전히 강남 접근에 추가
적인 시간을 쓰게 만든다. 만약 하루에 서울에서 두 군데 이상 출장을
다니게 되면 문제가 더 커진다. 수서에서 강남, 강남에서 판교, 다시 수
서역으로 돌아오는 장거리 이동이 서울 내에서 수반되어야 하기 때문
이다.

　이는 일본 내의 지방 기업이 도쿄에서 필요로 하는 동선과 상당 부분
비교가 된다. 도쿄 역시 부도심이 잘 발달되어 있지만 기존 도심이 훨씬
더 집적이 잘되어 있는 데다가 부도심 역시 도심과 인접한 곳에 있다.
이는 도쿄에 위치한 기업의 이동 거리도 줄여주지만, 지방 소재 기업이
라 할지라도 신칸센을 타고 도쿄역에서 내리기만 한다면 대다수의 비

그림 3-22 일본과 한국의 지방 소재 기업의 도쿄 및 서울 내부 이동 동선 비교

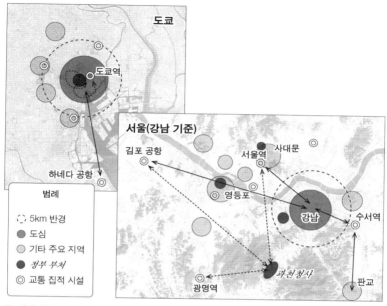

주: 실제 서비스 이미지와 다를 수 있음.
자료: Google, Image Landsat Copernicus, Image © 2023 Maxar Technologies, Image © 2023 Airbus.

즈니스 활동을 할 수 있게 만든다. 즉, 일본의 지방 기업이 도쿄의 길에서 쓰는 시간보다 한국의 지방 기업이 서울의 길에서 쓰는 시간이 더 길다.

그런데 우리는 2.1절에서 업무 목적으로 이동하는 사람의 시간 가치와 그 시간 가치를 지불하는 사람이 대단히 명확함을 짚은 바 있다. 사기업 입장에서는 출장자가 길에서 소모하는 시간이 크면 그만큼 회사 내에서 다른 생산적인 일을 못 하므로 회사로서 손해다. 다른 나라의 기업이라면 이러한 손실이 적다, 적어도 타 대도시에 도착하는 순간 그 안에

서 이동하는 시간은 짧기 때문이다. 그러나 한국의 지방 기업은 공항이든 역이든 내려서 다시 강남으로 들어가기 위해 또 서울 안에서 이동하기 위해 추가적인 시간을 쓰게 된다. 그렇다면 지방 기업은 시간 낭비를 막기 위해서 영업 본부만이라도, 더 나아가서는 아예 본사 자체를 서울로 옮기는 걸 고려하게 된다.

공무 목적에서도 같은 문제가 발생한다. 이미 3.4절에서 베를린, 파리, 도쿄의 도시 구조를 보았지만, 런던, 워싱턴, 마드리드Madrid도 모두 도심 내에, 그것도 가능하면 교통 집적 시설과 연계가 좋은 곳에 중앙 정부 부처들을 위치시키는 등 지방에서의 접근성을 상당 부분 고려한다.[36] 그러나 한국의 과천 청사는 지방 접근이 배제된 상태다. 오늘날 행정 부처가 세종시로 이전되고 나서야 서울에서 세종 청사와 오송역 간의 교통이 불편하다고 문제를 제기하고 있지만 지방 입장에서는 이미 1980년대부터 겪은 문제다.[37]

6 서울의 문제가 반복되는 지방 대도시

여기까지 봤으면 서울, 특히 강남을 일부러 다른 지역 주민에게 배제

---

36   해당 도시의 지도는 부록의 그림을 참조하기 바란다.
37   실제로 서울역에서 과천 청사까지의 거리(직선거리 14km)는, 오송역에서 세종 청사까지의 거리(직선거리 14km)와 비슷하다.

그림 3-23 부산의 개략적인 도시 구조 현황

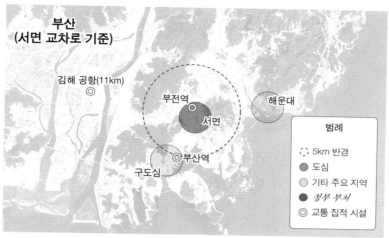

주: 실제 서비스 이미지와 다를 수 있음.
자료: Google, Image © 2023 TerraMetrics, Image © 2023 Maxar Technologies, Data SIO, NOAA, U.S Navy, NGA, GEBCO, Image © 2023 Airbus.

적인 공간이 되도록 조성한 게 아닌가 하는 의문을 가진 독자가 생길지도 모르겠다. 하지만 해당 문제는 지방 거점 대도시에서도 똑같이 반복되고 있어 서울을 그러한 의도를 가지고 조성했다고 보기에는 무리가 있다. 한 번 지방 거점 대도시들을 살펴보자.

먼저 부산이다. 부산의 경우 과거의 도심지이던 남포동, 중앙동이 지형적 한계로 인해 도심이 지리적 중심지인 서면으로 이미 한 번 이동했다. 그러나 부산역은 여전히 구도심에 자리를 잡고 있다. 이는 그나마 양호한 편인데, 버스 터미널의 경우에는 기존에 서면에서 6km 정도 떨어진 온천동에서 14km 떨어진 노포동으로 이전했기 때문이다. 교통 집적 시설을 외곽으로 이전하는 가운데 도심의 분산도는 더 심해졌다. 2000년대 이후로는 센텀시티 등을 위시해 해운대 위주로 도시 개발 역량이 쏠리는 경향마저 보인다. 서울보다도 더욱 어정쩡한 3핵이 형성된 것이다. 그나마 부전역이 광역 전철 개통 등 서면을 뒷받침할 교통 집적 시설로 성장할 수 있는 계획이 잡혀 있다는 게 희망적이다.

광주의 경우 산악 밑에 자리한 금남로를 벗어나서 상무 지구에 신도심을 조성한 건 도시 전체적으로 봤을 때 합리적인 선택이다. 광주역의 접근성은 희생되었지만, 호남선이 직접 지나가는 광주송정역이나 광주 공항과의 접근성은 더욱 강화되었다. 하지만 혁신 도시가 상무 지구에서 18km나 떨어져 있는 곳에 조성되면서 광주는 물론 나주의 기존 시가지와도 연계하기 힘들어지면서 도심의 기능이 분산되어 버렸다.

하지만 가장 심각한 지역을 고르라고 하면 대전, 청주, 세종 일대이다. 이 일대는 교통망과 도시 개발의 불일치가 지속적으로 일어나고 있다. 대전의 도심이 분지의 동남쪽에 치우쳐 있는 은행동 일대에서 지리적 중심지인 둔산 지구로 넘어온 건 합리적인 선택으로 볼 수 있다. 그러나 청주시처럼 기존에 있는 철도망을 외곽으로 이설한 사례가 있는가 하면, 오송역에 고속 철도역 계획을 잡아놓고도 정작 도시는 오송역에서 14km 떨어진 곳에 조성한 행정 복합 도시 세종시의 사례도 있다.

지금 와서 어떤 일이 일어나고 있는지를 보자. 청주시는 옛 철도 노선과 비슷한 지하 광역 철도를 요구하고 있다.[38] 세종시는 전국 단위 교통

---

38 정세환, "광역철도 청주도심 통과 노선 쟁점 부상", 《중부매일》, 2022년 5월

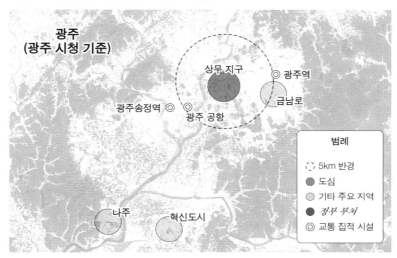

주: 실제 서비스 이미지와 다를 수 있음.
자료: Google, Image © 2023 Maxar Technologies, Image © 2023 Airbus, Image © 2023 CNES/ Airbus.

이 불편하다고 KTX 세종역의 신설을 요구[39]하거나, 일반 철도라도 세종시 중심까지 연장해 달라고 요구[40]하는 상황이다. 이러다 보니 광역철도 노선도 다양하게 요구된다. 대전에서 세종, 세종에서 조치원을 거쳐 오송을 넘어가는 노선과 기존 조치원·대전 간 일반 철도의 광역 전철

24일 자.

39   김석모, "KTX역 유치 신경전… "세종역 신설" "조치원역 정차"", ≪조선일보≫, 2022년 5월 6일 자.

40   최두선, "ITX 정부청사역은 '파란불', KTX 세종역은 '빨간불'", ≪한국일보≫, 2020년 12월 15일 자.

그림 3-25 대전, 세종, 청주 일대의 도시 분산 현황

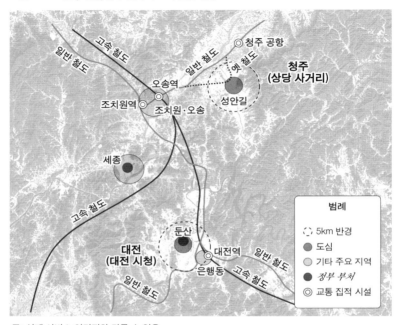

주: 실제 서비스 이미지와 다를 수 있음.
자료: Google, Image © 2023 Maxar Technologies, Image © 2023 Airbus, Image © 2023 CNES/Airbus.

화가 동시에 요구되고 있다. 애초에 청주가 옛 철도를 유지하고 행정 복합 도시가 세종이 아닌 조치원·오송 지구로 결정되었으면 없었을 이중 투자가 생기고 있다.

이러한 지방 거점 대도시의 사례 중에서 유일한 예외는 대구다. 대구의 경우 조선 시대 때부터 대구 분지 한가운데에 자리를 잡은 덕에 방향별로 고르게 도시가 성장할 수 있었다. 때문에 대구의 도심은 조선 시대

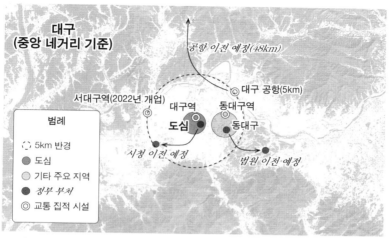

그림 3-26 대구의 주요 시설 분산 예정 현황

주: 실제 서비스 이미지와 다를 수 있음
자료: Google, Image © 2023 Maxar Technologies, Image © 2023 Airbus, Image © 2023 CNES/Airbus.

나 현대나 여전히 같은 위치에서 자리 잡고 있다. 운도 일부 따라주었다. 1960년대부터 도심과 가까운 동대구 지역에 철도역, 법원 이전 등 신시가지를 개발했고 이는 신시가지와 기존 도심의 장거리 이격을 방지하는 데에 도움을 주었다. 오늘날 대구는 역은 물론이거니와 공항마저도 5km 반경 내에 위치하는 등 서구의 대도시만큼 집약적인 도시 구조를 보인다.

하지만 근래 대구에는 두 가지 문제가 있다. 첫째는 교외로의 장거리 출퇴근이다. 대기업이 없어 제조업보다는 서비스업 위주로 발달했을 것이라는 통념과 달리, 대구의 취업 구조는 자영업 위주가 아니라 제조

표 3-11 특별시 및 6대 광역시의 취업자 현황(거주지 기준)　　　　　　　　　　(단위: 1000명)

도시명	전체	제조업	제조업 비율	도시명	전체	제조업	제조업 비율
전국	27,214	4,386	16.1%	인천	1,562	295	18.9%
서울	5,057	436	8.6%	광주	751	100	13.3%
부산	1,658	254	15.3%	대전	775	95	12.3%
대구	1,217	248	20.4%	울산	553	166	30.0%

자료: 국가통계포털. "지역별고용조사/시도/산업별 취업자"(2021년 상반기 기준).

업 위주다. 〈표 3-11〉에서 볼 수 있듯, 서울 및 6대 광역시 중에서 대구의 취업자(거주 기준) 중 제조업 종사자의 비율은 울산 다음으로 높다. 하지만 기업의 위치는 대구 바깥쪽에 있는데, 이는 설비 투자 등 더 넓은 부지를 찾기 위해 대구의 공업 용지를 팔고 구미나 경산 등지로 공장을 이전한 탓이기 때문이다. 때문에 오늘날 대구광역시 역내域內에 있는 제조업 중 중소기업 비중은 99.95%로 전국 1위이다.[41] 대기업(기아자동차)이 도시의 소득을 뒷받침하는 광주, 연구 단지와 정부 대전 청사가 도시의 소득을 떠받치는 대전처럼 도시 내에 고소득을 보장할 만한 기업이 없다.

　반면 외곽지인 경상북도의 임금은 남부 지방에서는 울산 다음으로 높다. 이는 강력한 출퇴근 유인책이 되어 상당수의 시민이 대구 교외의 공장으로 장시간 출퇴근을 하게 만드는 요인이 되며, 실제로 〈표 3-12〉

41　이지영·손선우, "대구시, 기업은행 유치 총력전 돌입…이전 부지로 '수성구청·법원터' 제공", ≪영남일보≫, 2023년 11월 6일 자.

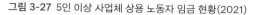

그림 3-27 5인 이상 사업체 상용 노동자 임금 현황(2021)

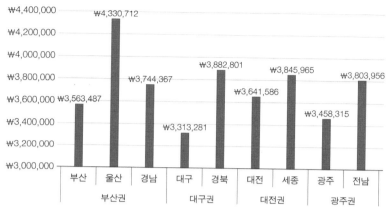

자료: 국가통계포털. "사업체노동력조사/행정구역(시도)/산업/규모별 임금 및 근로시간(상용근로자, 상용근로자 5인이상 사업체)"(2021년 기준).

에서 각 통계 간 시기의 차이[42]가 있음에도 도시·외곽의 소득 격차가 클수록 더 많은 출퇴근 인력이 외곽으로 빠지는 경향이 드러난다.

　두 번째 문제는 본질적으로 대구의 도시 구조를 어그러뜨리고 있다. 2006~2016년 사이에 대중교통 전용 지구, 동대구역 복합 환승 센터 등 도심 재생 및 집적화에 집중했던 대구시의 정책 방향은 최근에는 시청과 법원의 외곽 이전 추진, 외곽의 고속 철도역 개통, 공항의 원거리 이전 시도 등 시설을 외곽으로 보내는 방향으로 바뀌었다. 유일하게 도심으로 되돌아온 건 축구 경기장 하나뿐이다. 그나마 남아 있는 도시의

42　2020년 기준의 통근·통학 통계를 쓰고 싶었으나, 해당 통계가 코로나19 문제로 인한 특수성이 있을 수 있어 쓰지 않았음을 밝혀둔다.

표 3-12 도시·외곽 소득 격차에 따른 종상비 변화

도시명	도시·외곽 소득 격차	거주 통근·통학자	종사(등교) 통근·통학자	종상비
부산	180,880원	1,900,950명	1,842,935명	0.97
대구	569,520원	1,380,786명	1,264,877명	0.92
광주	345,641원	855,911명	805,903명	0.94
대전	204,379원	893,430명	861,366명	0.96

주: 부산과 대전의 외곽 지역은 각각 경남과 세종에 한정함.
자료: 국가통계포털. "인구총조사/인구부문/현 거주지별/통근통학지별 통근통학 인구(12세 이상)-
시군구"(2015년 기준); 국가통계포털. "사업체노동력조사/행정구역(시도)/산업/규모별 임금
및 근로시간(상용근로자,상용근로자 5인이상 사업체)"(2021년 기준).

표 3-13 국가별 만 15~64세 인구의 하루 평균 출퇴근 시간 현황(통학 포함)　　　(단위: 분)

국가명	조사 연도	출퇴근 시간(통학 포함)		
		평균	남자	여자
대한민국	2009	58	74	42
일본	2011	40	50	21
멕시코	2009	36	49	24
캐나다	2010	30	36	25
노르웨이	2010	29	33	26
에스토니아	2009~2010	29	30	29
오스트리아	2008~2009	29	34	25
뉴질랜드	2009~2010	23	29	18
프랑스	2009	23	26	19
이탈리아	2008~2009	22	27	16
스페인	2009~2010	21	26	16
미국	2014	21	25	17
핀란드	2009~2010	21	21	20

자료: OECD. "OECD Family Database."

강점마저 죽어가고 있다.

　결국 지방 대도시조차 각자의 사정으로 인해 장시간 출퇴근 문제를

겪고 있다. 〈표 3-1〉에서 보았듯이 울산을 제외하면 그 어느 도시도 출퇴근 시간이 80분 밑으로 떨어지지 않으며 심지어 대구, 부산이 뉴욕, 런던보다도 출퇴근 시간이 더 긴 상황이다.

국가 전체로 보면 어떤 일이 벌어질까? 〈표 3-13〉은 2008~2014년 사이에 조사된 OECD 가입국의 출퇴근 시간(통학 포함) 현황이다. 한국 남성의 경우 그 어느 나라보다도 압도적으로 긴 출퇴근 시간에 시달리고 있으며, 여성 또한 일본과 멕시코를 빼면 그 어느 나라의 남성보다도 더 긴 출퇴근 시간에 시달리고 있다. 한국 사회 전체적으로 출퇴근으로 쓰고 있는 시간이 너무 많다.

7 어그러진 도시는 어떻게 만들어졌나

그렇다면 한국의 도시 구조는 왜 이렇게 어그러졌을까?

3.6절에서 언급했지만, 도시 계획을 할 때 일부러 어그러진 형태로 만들려고 한 건 아니다. 따라서 당시에 어떤 현실적인 한계들이 분명히 있었고 어떠한 맥락이 있었는지 짚어봐야 한다.

첫째, 서울, 광주, 대전 등 구도심이 산을 끼고 있는 것은 평지보다 침수 문제에 자유롭기 때문이다. 한국은 사시사철 비가 고르게 내리는 것이 아니라 여름에 강수량이 집중된다. 따라서 퇴적된 평지는 지반이 단단하지 못하다는 문제점도 있지만, 여름철에는 침수의 위협을 안고 살아야 한다는 문제점이 있다. 오늘날에는 수리 시설의 발달로 해당 문제

들을 해결하고 있지만, 1기 신도시 중 하나인 일산만 하더라도 1990년
에는 대홍수로 농경지 침수 피해를 겪었다.

둘째, 평지 농경지는 식량 생산과 결부되므로 의도적으로 개발을 피
했던 측면이 있다. 1970년대만 하더라도 한국은 혼분식을 장려하거나
수확량 때문에 통일벼를 보급하는 등 식량 문제가 매우 중요한 사회적
의제였다. 이 때문에 1970년대 말 수도 이전 계획에서도 농경지가 상대적
으로 적고 구릉지가 많은 부지를 이용하는 게 고려되었을 정도[43]이다.

셋째, 자동차의 보급과 철도의 사양이다. 1930년대 독일의 아우토
반, 1950년대 미국의 인터스테이트 등 서구 선진국에서부터 마이카,
트럭을 중심으로 한 자동차로의 수송 체계 전환이 이루어지고 있었다.
반면 기존의 핵심 교통수단인 철도는 고속 철도의 개념이 1960년대에
서나 일본에서 탄생하는 등 상대적으로 사양 교통수단에 가까웠다.

넷째, 한강 이북의 서울에 안보적인 문제가 있었다. 강남이 개발되기
시작한 시점은 6·25 전쟁이 끝나고 20년 내외의 시점이다. 적지 않은
서울 시민들이 한강 다리가 폭파되어 피란을 갈 수 없는 상황을 겪은 적
이 있다. 즉, 사대문에 도심 기능이 계속 집중되면 전쟁 시에 주민들의
피란 및 소개 문제가 발생하기 쉽다.

다섯째, 경제 성장으로 인해 산업 구조가 고부가 가치 산업 위주로 재
편되었다. 고부가 가치의 산업은 전문화된 인력을 확보하는 게 핵심이
므로 인적 자원을 따라 기업이 움직이게 된다.

---

43   손정목, 『서울 도시계획 이야기 4』, 214쪽.

이제 각각의 사안이 어떻게 영향을 미쳤는지 생각해 보자. 서울시의 경우 사대문이 남산과 북악산, 더 위로는 북한산 등에 둘러싸여 개발할 수 있는 공간이 좁은 데다 냉전 시대에 북한의 압박까지 받는 상황에서, 막 토지 구획을 정리하고 있는 강남으로 주민을 이주시키는 아이디어가 나왔다. 강남의 지형 특성상 언덕이 많아 쌀 생산에 영향이 적다는 것도 한몫했다. 여기에 그냥 사람만 이주하면 사대문 선호 현상이 지속될 수밖에 없으니 도심의 주요 기능과 명문 학교 등을 이전하는 노력을 기울인 것이다.

문제는 개별 경제 주체들의 반응이 상상 이상이었던 것이다. 먼저 가정의 반응이다. 학력의 대물림 경향에 따라 고학력자일수록 자녀 교육 때문에 명문 고등학교를 따라 강남으로 이사를 한다. 이른바 강남으로의 고학력자 집중 문제다. 1985년 서울의 대학 졸업 주민 수[44]를 보면 서울 전체에 77만 명의 대학 졸업자가 있으나, 이중 강남구와 강동구[45]에만 28만 명(36%)이 몰려 있었다. 반면 지방 대도시의 경우 1973년 매일경제의 신문 기사[46]를 보면 서울의 대학생 수는 인구 1000명 중 15~16명, 부산은 6명, 대구는 12명으로 나타나, 부산은 대학생 비율 자체가 적고, 대구는 인구당 대학생 숫자는 서울과 비슷해도 절대적인 인구 규모에서 밀리는 것이 확인된다. 즉, 강남이 전국에서 가장 고학력자가

---

44 손정목, 『서울 도시계획 이야기 3』, 352쪽.

45 당시는 서초구, 송파구가 강남구와 강동구에서 분구되기 전이었다.

46 "지방강 구축에 앞장", ≪매일경제≫, 1973년 7월 5일 자, 6면.

고밀도로 집중된 지역이 된다.

다음은 연구 인력 위주의 제조업 기업이 반응한다. 1983년 정부는 수도권의 과밀화 억제를 위해 서울 및 그 인접 지자체에 과밀 억제 권역[47]을 설정했다. 차량 보급이 일반적이지 않던 시대에서 정부 입장에서는 당시에는 해당 규제만으로도 서울로의 쏠림 현상을 막을 수 있다고 생각했을 것이다. 그러나 경부고속도로의 개통은 과밀 억제 권역을 뛰어넘는 장거리 통근을 가능하게 했다. 경부고속도로, 영동고속도로의 이천IC, 기흥IC, 오산IC를 끼고 하이닉스, 삼성전자, LG전자가 들어서고 마이카 시대가 이를 더 부추긴다. 핵심 인력들이 경부고속도로의 초입인 강남에 집을 구하고 외곽으로 출근하게 되면서 서울 내에서도 강남이 가장 큰 수혜를 받게 된다.

일반적인 제조업 기업도 선호 입지가 달라진다. 대규모 장치 산업은 큰 토지가 필요한데, 도심과 가까운 입지, 기존 교통이 좋은 입지, 또는 평지는 토지 가격이 비싸거나, 절대 농지로 묶여 있는 경우가 잦다. 결국 준농림지 등 상대적으로 개발 규제가 덜한 구릉지나 골짜기 등을 활용해 제조업 공장들이 우후죽순 들어서게 되는 것이다. 그나마 마이카가 보급되기 이전 시절에는 직원들의 출퇴근 문제 때문이라도 그런 위치에 공장을 세우는 게 불가능했지만, 일반 노동자들에게도 마이카가 보급되면서 교통이 불편하더라도 노동력 수급이 어느 정도 가능하게 되었다. 소규모 사업장들이 고양, 화성, 김포의 구릉지로 번지고, 대규

---

47   1983년 수도권정비계획법 첫 도입 당시에는 이전 촉진 지역.

모 사업장은 수도권 규제를 피해 아산만 권역에 자리 잡는다. 마지막으로 도심 입지형 산업이 사대문에서 강남으로 옮겨 간다. 처음에는 테헤란로를 중심으로 IT 붐이 불기 시작한 수준이었지만 최근에는 대기업마저도 강남권으로 본사를 이전하고 있다.

반면에 강남의 자연 지리적 위치나 교통 집적 시설의 부재 문제, 즉 수도권 내부와 전국 단위, 두 접근성 문제는 크게 해결되지 못했다. 수도권 내부에서는 강남이 초창기부터 상대적으로 동쪽에 치우친 위치에 자리 잡은 데다 오히려 시간이 갈수록 김포, 일산, 부천, 인천 지역의 농지가 개발되거나 바다가 간척되어 상대적으로 점점 동쪽으로 치우치게 되는 결과를 낳았다. 전국 단위도 마찬가지다. 강남 역시 개발 초창기만 하더라도 남부 교외선 계획이 있는 등 철도 계획이 있었다. 하지만 철도 자체가 한동안 사양 산업이 되면서 실현되지 못했고, 공항의 경우 강남 근거리 교외 지역이 산악 지형이 많아 애초부터 검토되지 못했다.

지방 대도시들 또한 비슷한 일이 일어난다. 구도심의 입지들이 산악과 바다를 끼고 있어 접근에 제한적이니, 지리적 중심지로 도심을 옮기는 건 나름 합리적인 아이디어다. 그러나 도심 기능만 신도심으로 옮겨 가고 교통 집적 시설은 구도심에 남거나 아예 외곽으로 이전하는가 하면, 땅값이 싸서 토지 개발 이익이 생긴다는 등의 이유로 외곽 변두리 지역에 혁신 도시나 행정 복합 도시와 같은 업무 지구를 조성하는 등 형태로 서울과 비슷한 절차를 밟는다. 그 결과가 오늘날의 상황이다.

초창기 도시 및 국토 계획에서 원했던 것은 적당한 수준의 도심(사대문) 기능 분산(수도권 단위)과 수도권 성장 억제(전국 단위)였기에, 이동 시간에 많은 시간을 소요하지 않는 구조를 추구하려 했다고 볼 수 있다. 그러나 개별 주체들의 의사 결정과 예상하지 못한 기술 발전과 사회생활의 변화는 기존 정책 입안자들의 상상 이상으로 도시 구조, 특히 일자리의 위치를 흐트러지게 했고, 여기에 자연 지리적·인문 사회적인 여건으로 교통망이 급격하게 변화하는 도시 구조를 따라가기 어려워지면서, 공간 구조가 어그러지고 사람들이 이동에 많은 시간을 할애하게 만든 것이다.

결국 현대 한국 사회가 앓고 있는 교통난은 교통망의 확충만으로 해결하기 어렵다. 교통망을 조성해 놓아도 땅값이 싼 곳으로 기업이 옮겨 가고 새로 개발하는 곳으로 도시의 중심을 옮기고 그로 인해 도시가 계속 흐트러지는 상황이 반복되는 이상에는 그 어떠한 교통 대책을 내놓아도 유효한 대책이 될 수가 없다. 실효성 있는 교통망의 공급이 힘들어지니 개개인이 길에서 낭비하는 시간이 늘어나게 되는 것이다.

부 록

부록 3A GTX는 출퇴근 문제를 해결할 수 있을까?

최근 들어 수도권의 출퇴근 시간을 획기적으로 줄일 수 있는 수단으로써 GTX가 스포트라이트를 받고 있다. 이 사업은 해외의 광역 급행 철도 예시로 파리의 RERRéseau Express Régional 시스템이나 런던의 크로스레일Crossrail을 예로 들며 그 필요성을 언급하는 경우가 많다. 또한 출퇴근 시간을 단축한다는 명분으로 인해 빠른 속도에 집중하는 게 많이 보인다. 고속을 내야 한다는 이유로 곡선을 최소화하거나 대심도로 파는 것을 선호하는가 하면, 중간역을 늘리는 것을 반대하기도 한다.

그러나 이미 광역 급행 철도가 도입된 도쿄, 파리, 런던의 경우 서울의 GTX가 추구하는 개념과는 멀어 보인다. 〈그림 3-28〉은 GTX 시스템과 도쿄, 파리, 런던의 광역 급행 철도 시스템의 도심 구간 정차역을 비교한 것이다. 파리의 RER과 런던의 크로스레일은 도심 구간에 무려 5~6개의 역이 있고, 도쿄의 우에노도쿄라인上野東京ライン도 초창기에 4개 역을 잡아놨을 정도로 매우 밀도 높게 정차역을 계획했다. 대략적으로 도심 구간에 2~3km마다 역을 하나씩 잡은 셈이다. 반면, GTX-A의 강남 구간에는 삼성역이 유일하다. 사대문 내 구간에도 서울역만 존재한다.

역의 수직 위치도 다르다. 파리의 RER과 런던의 크로스레일은 도심 구간 바깥에서는 지상으로 달린다. 도쿄의 우에노도쿄라인은 심지어 도심 구간에서조차 고가 위에 고가를 얹어서 개통했다. 반면 한국은 운정신도시부터 동탄신도시까지 전 구간을 대심도로 파고 들어간다. 그

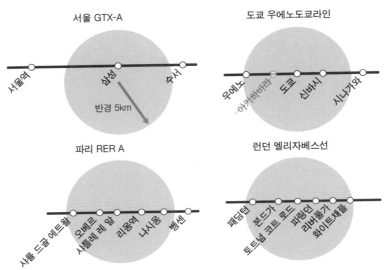

그림 3-28 서울, 도쿄, 파리, 런던의 광역 급행 철도 도심 정차역 비교

서울 GTX-A

서울역　　삼성　　수서

반경 5km

도쿄 우에노도쿄라인

우에노　아키하바라　도쿄　신바시　시나가와

파리 RER A

샤를 드골 에트왈　오베르　샤틀레 레 알　리옹역　나시옹　벵센

런던 엘리자베스선

패딩턴　본드가　토트넘 코트 로드　파링던　리버풀가　화이트채플

주: 도쿄 우에노도쿄라인의 아키하바라역은 초기 계획에서는 검토되었으나 역 건설 난이도 문제로 포기.

렇다면 이 도시들은 왜 GTX보다 느리고, 지상을 지나가는 광역 급행 철도를 도입했을까?

〈그림 3-29〉는 폭 1km의 회랑에서 평균 12km를 이동할 때, 지하철역까지의 접근 수단에 따라 지하철역 간 거리가 변화했을 때 이동 시간이 어떻게 되는지 나타낸 그래프[1]이다. 접근 수단은 도보(4km/h), 자전

1　지하철이 정차할 때 걸리는 시간은, 가감속에 추가로 걸리는 시간으로 속도(km/h, 10단위)에 1/3(h·s/km)을 곱한 값에 정차 시간 30초를 더해 계산했다.

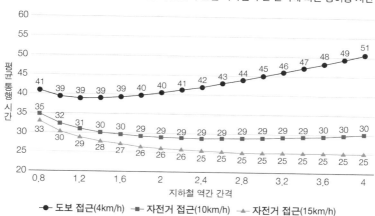

그림 3-29 이동 거리가 평균 12km일 때 접근 수단별 지하철역 간 간격에 따른 총이동 시간

거(10km/h), 자전거(15km/h)이다. 마을버스나 시내버스의 경우 표정 속도가 통상적으로 15km/h에 불과하고, 정류장까지 걸어가는 시간과 버스를 기다리는 시간 등의 문제가 있어 실질적으로 자전거(15km/h)보다 느린 접근 수단에 해당하므로 위 그래프에서는 표시하지 않았다.

이 그래프의 첫 번째 메시지는 '간선 교통수단의 개선보다 접근 수단의 개선이 훨씬 효과가 크다'라는 것이다. 통상적인 지하철역 간 간격인 1.2km라 할지라도 자전거를 타는 쪽이 걷는 것보다 25% 내외의 시간이 절감된다. 이는 광역 급행 철도와 같은 거대한 인프라보다 작은 소단위의 인프라의 효과가 출퇴근 시간 단축의 효과가 더 큼을 의미한다. 제2장에서 말한 다층적인 대중교통 체계를 갖추어야 하는 이유가 GTX에서도 드러난다.

두 번째 메시지는 '광역 급행 철도의 역은 교통 허브 기능을 갖춘 지점에 들어서야 한다'이다. 단순히 도보 접근에만 의존하면 급행 철도의 역 간 거리가 벌어짐으로써 급행의 속도가 빨라지는 것보다 역까지 도보로 접근하는 시간이 늘어나는 게 더 크기 때문에 승객들이 도리어 이탈하게 된다. 2.1절에서 언급한 세계은행처럼[2] 도보로 걷는 시간에 1.5배의 페널티를 매긴다면, 역 간 거리가 벌어질수록 더욱 손해다. 때문에 급행 철도 역에는 도보가 아니라 자전거, 지선 또는 완행 철도, 마을버스 등 기초 접근 교통수단을 갖추어야 효과가 있다.

셋째, 3km 이상의 역 간 거리(표정속도 50km/h 중반)는 사실상 큰 의미가 없다는 것이다. 〈그림 3-29〉에서 보여주듯 가장 빠른 접근 수단인 자전거(15km/h)조차 3km 내외 지점부터는 소요 시간이 다시금 증가하는 모양새다. 총이동 거리가 2배(24km) 늘어나고 접근 수단이 자전거(15km/h)더라도, 3km의 역 간 간격은 이동 시간이 가장 짧은 역 간 간격에 비해 2~3분 느린 것에 그칠 것으로 예상된다. 그리고 이는 대심도 지하철이 저심도 지하철로 바뀌어 승강장 접근 시간을 단축하는 것만으로도 극복할 수 있는 시간이다.

그렇다면 이러한 논리와 제3장의 내용에 기초해, GTX와 외국 도시들의 광역 급행 철도를 비교하고 문제점을 짚어보자.

2　Kenneth M. Gwilliam, "The Value of Time in Economic Evaluation of Transport Projects: Lessons from Recent Research," World Bank, Infrastucture Notes, Transport Sector, Transport No. OT-5(1997).

첫째, 역 간 거리가 너무 널찍널찍하다. 도쿄, 파리, 런던의 경우 모두 역 간 거리가 2~3km 내외에서 그치며, 이는 기초 접근 교통수단이 자전거라면 매우 적합한 역 간 간격이다. 반면, 서울의 경우 강남 구간 내에 삼성역 단 한 곳, 사대문 구간 내에 서울역 단 한 곳에 그친다. GTX는 빠르긴 하지만 가고 싶은 곳에 역이 없을 가능성이 매우 크다.

둘째, 기존 교통망과의 연계가 약한 등 광역 교통 허브 기능을 제대로 고려하고 있지 않다. 일산 신도시는 중앙로 일대로 3호선(일산선)과 버스 전용 차로를 갖추어 대중교통 허브를 구축해 놨지만, GTX역은 정작 이보다 1km 정도 남쪽에 들어서는 등 기존 교통망의 연계가 엉성하다. 수평적인 거리뿐만 아니라 수직적인 거리 또한 문제다. 예정된 역사의 심도는 무려 지하 7층인데 비슷한 사례인 동탄역을 보면 내려가는 데만 5~7분이 필요하다.[3,4] 이는 파리의 RER이나 런던의 크로스레일이 외곽에서는 기존에 있던 선로를 이용하거나 지상으로 역을 확보해 건설비를 절감하고 이용객에게 편의성을 제공한 것과는 매우 대조적이다. 남쪽 구간도 마찬가지이다. 용인역의 경우에는 지선의 역할을 해줄 수 있는 용인 경전철과의 연계가 확보되지 않고 있으며, 성남역의 경우에

3　이러한 승강장 접근 시간 문제를 대형 엘리베이터로 해결을 시도하려고 하지만 엘리베이터는 수송 능력에 한계가 있어, 출퇴근 시간에는 엘리베이터 대기 시간만 7분 이상 걸릴 것으로 나온 분석도 있다. 문보경, "여의도-청량리 가는 데 9분, 환승은 11.6분?…GTX 어쩌나", ≪전자신문≫, 2023년 12월 14일 자.

4　5~7분은 일반적인 지하철 기준으로 3~5개의 역에 추가 정차하는 것과 같은 효과를 내어, 급행 등 고속 이동의 효과를 반감시킨다.

는 불과 7~800m의 차이로 완행의 역할을 해줄 수 있는 신분당선이나 분당선과의 연계가 이루어지지 않았다.[5]

셋째, 현재의 변화되고 있는 서울의 도심 구조에 적합하지 않다. 서울의 도심은 이미 강남으로 옮겨 가고 있지만, GTX는 A, B, C선 모두 사대문을 중심으로 계획되어 있고, 그마저도 C선은 사대문 내로 깊숙이 들어오지 않고 애매하게 스쳐 지나간다. 이 때문인지 2022년 대통령 선거 때는 유력 후보의 공약으로 강남으로 집중되는 GTX D, E, F 노선이 제안되기도 했다.

넷째, 그렇다고 자전거가 해외에서 사양이 되는 중인가 하면 전혀 아니다. 도리어 전동화의 힘으로 독일은 2019년 상반기에만 100만 대에 가까운 전기 자전거가 팔리는가 하면,[6] 미국에서도 전기 자전거의 판매량이 빠른 속도로 증가해 2022년 한 해에만 100만 대[7]가 팔렸다. 심지어는 공유형 교통수단의 발전에 따라 개인 자전거가 없는 곳에서도 자전거, 킥보드를 몰 수 있는 등 PMPersonal Mobility의 개념으로 확장하는가 하면, 이제는 PM과 다른 대중교통을 결합한 MAASMobility As A Service라는 개념까지 등장하고 있다.

---

5 다만 C선의 경우 다른 노선에 비해 유달리 기존 노선을 활용하려는 경향이 확인된다.

6 도시혁, "[초점] 전기 자전거가 자동차를 앞지르고 있는 유럽", ≪스마트투데이≫, 2021년 6월 28일 자.

7 Office of Energy Efficiency & Renewable Energy, "FOTW #1321, December 18, 2023: E-Bike Sales in the United States Exceeded One Million in 2022", December 18, 2023.

결론적으로 현행의 GTX는 변화된 도시 구조를 따라가지 못하는 노선망, 기존 교통망을 무시하는 역의 위치, PM을 고려한 개념 부재, 너무 먼 역 간 거리 등의 이유로 실질적인 이동 시간 단축이 생각 외로 좁은 범위에서만 일어날 가능성이 크다. 이용객이 너무 많아도 우려할 점이 있다. GTX-A의 경우 사대문에서는 서울역 하나, 강남에서는 삼성역 하나에서 모든 출퇴근 인원을 처리해야 하므로 좁은 장소에 너무 많은 사람이 몰려 안전 문제가 생길 수도 있다. 해당 시스템의 도입이 효과적인 정책으로 안착하려면 사업 전체적으로 추가적인 보완이 필요할 수도 있다.

부록 3B 용적률 규제 완화는 출퇴근 문제를 해결할 수 있을까?

다른 한편으로 출퇴근 시간을 획기적으로 줄일 방안은 도심에 주택 공급을 크게 늘리는 것이다. 도심으로 통근하는 사람들이 굳이 외곽에 살지 않고 도심에 살게 한다면 직주 근접을 통해 장거리 출퇴근에 덜 시달리게 할 수 있다.

다만, 이 경우 도심 주거지의 용적률을 늘려야 한다는 문제점이 있다. 보통 이러한 논의는 부동산 경기 등의 문제 등으로 꽤 오랫동안 억제되어 왔다. 그러나 꼭 이러한 요구가 꼭 부동산 투자자들의 이익 극대화만을 위한 요구인지는 다시 한 번 점검해 볼 필요가 있다.

〈표 3-14〉는 해외 도시 및 서울 주요 지점의 인구 밀도 통계이다. 많

표 3-14 서울, 도쿄, 오사카, 뉴욕, 런던, 파리의 주요 지역 인구 밀도 현황

주요 지역	인구(명)	면적(km²)	인구 밀도(명/km²)
도쿄 도심 3구 (주오, 지요다, 미나토구)	49.6만	42.2	11,800
도쿄 신주쿠구	34.9만	18.2	19,200
도쿄 시부야구	24.4만	15.1	16,200
오사카 4구 (기타, 주오, 니시, 후쿠시마구)	42.8만	29.1	14,700
뉴욕 맨해튼	169.4만	59.1	28,700
런던 3구 (시티오브런던, 캠든, 웨스터민스터)	44.0만	46.2	9,500
런던 타워햄릿구 (카나리 워프)	32.6만	19.8	16,500
파리(전역)	210.3만	105.4	20,000
서울 영등포구	37.6만	24.6	15,300
서울 강남구	53.2만	39.5	13,500

주: 맨해튼의 면적은 육지부에 한한다.
자료: ① 도쿄, 오사카: 日本 政府統計의 総合窓口(e-Stat). 国勢調査. "都道府県·市区町村別의 主な結果"(2020년 기준). ② 뉴욕: United States Census Bureau. "Quick Facts"(2020년 기준). ③ 런던: Office for National Statistics. "Estimates of the population for England and Wales"(2023년 기준). ④ 파리: INSEE. "Estimation de la population au 1er janvier 2023"(2023년 기준). ⑤ 서울: 행정안전부. "주민등록인구통계"(2022년 4월 기준).

은 사람들이 서울이 아파트가 많으니 인구 밀도 또한 높다고 생각할 수도 있으나, 실제로는 다른 양상을 보인다. 런던 3구와 도쿄 도심 3구를 제외하면 오히려 서울의 도심 인구 밀도가 더 낮다. 이마저도 도쿄는 왕궁 부지라는 특수성으로 인해 지요다千代田구의 인구 밀도가 낮을 뿐, 주오中央구와 미나토港구의 인구 밀도는 강남구, 영등포구와 비슷하거나 좀 더 높다. 눈여겨봐야 하는 곳은 뉴욕 맨해튼이다. 뉴욕 맨해튼의 경우 1km²의 단위 면적당 2만 8000명이 넘는 인구 밀도를 자랑하고 있는

등 일자리의 밀도뿐만 아니라 주거지의 밀도 또한 대단히 높다. 뉴욕 도시권의 출퇴근 시간이 왕복 74분으로 짧은 이유는 맨해튼을 중심으로 한 거미줄 같은 교통망의 덕도 있지만, 주거의 기능 또한 도심에 집중시켜 출퇴근 거리 자체를 짧게 한 덕도 있다.

도쿄 또한 이를 따라가는 추세다. 2005년에서 2015년까지 도쿄 도심 3구의 인구는 12만 명이나 늘어났다.[1] 과거 교외 지역의 단독 주택을 선호하던 일본인들조차도 장거리 통근이라는 현실 문제 때문에 선호도가 바뀌고 있다는 뜻이다. 또한 도쿄 도심은 아니더라도 도심과 바로 연접해 있는 부도심인 신주쿠구와 시부야구의 인구 밀도가 부족한 도심의 주택을 뒷받침해주고 있다.

물론 서울의 경우 단핵 도심 구조가 아니므로 다른 대도시와 상황이 다를 수도 있다. 지형상의 이슈도 주택 공급을 어렵게 하는 요소 중 하나다. 그러나 만약 다른 대도시와 비슷한 구조로 탈바꿈하겠다면 적어도 도심으로 육성하겠다는 곳은 상업 지구의 밀도뿐만 아니라 주거의 용적률도 같이 끌어올리면서 주택 세대 수를 늘려야 장시간 출퇴근 문제를 해결할 수 있을 것으로 보인다.

---

1   이춘구, "도쿄 도심 인구 급증…5년 전보다 15~29% 늘어", ≪연합뉴스≫, 2016년 2월 9일 자.

부록 3C 런던, 워싱턴, 마드리드, 오사카의 개략적인 도시 구조

그림 3-30 런던의 개략적인 도시 구조

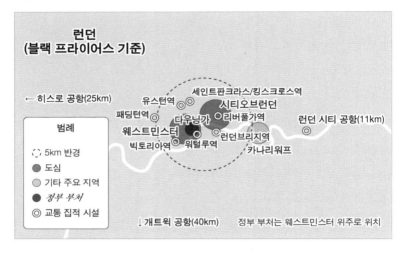

그림 3-31 워싱턴의 개략적인 도시 구조

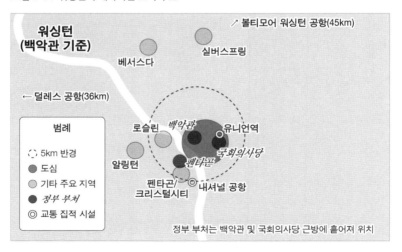

그림 3-32 마드리드의 개략적인 도시 구조

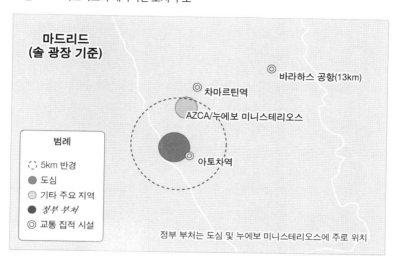

마드리드
(솔 광장 기준)

바라하스 공항(13km)

차마르틴역

AZCA/누에보 미니스테리오스

아토차역

범례

◌ 5km 반경
● 도심
○ 기타 주요 지역
● *정부 부처*
◎ 교통 집적 시설

정부 부처는 도심 및 누에보 미니스테리오스에 주로 위치

그림 3-33 오사카의 개략적인 도시 구조

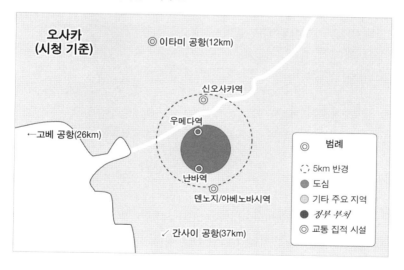

오사카
(시청 기준)

◎ 이타미 공항(12km)

신오사카역

우메다역

←고베 공항(26km)

난바역

덴노지/아베노바시역

✓ 간사이 공항(37km)

◎ 범례

◌ 5km 반경
● 도심
○ 기타 주요 지역
● *정부 부처*
◎ 교통 집적 시설

참고문헌

≪매일경제≫. 1973.7.5. "지방강 구축에 앞장", 6면. https://newslibrary.naver.
 com/viewer/index.naver?articleId=1973070500099206013&editNo
 =1&printCount=1&publishDate=1973-07-05&officeId=00009&pag
 eNo=6&printNo=2257&publishType=00020(확인일: 2023.5.15).

_____. 1983.8.12. "구미 실리콘밸리 백지화", 7면. https://newslibrary.naver.co
 m/viewer/index.naver?articleId=1983081200099207001&editNo=1
 &printCount=1&publishDate=1983-08-12&officeId=00009&pageN
 o=7&printNo=5366&publishType=00020(확인일: 2023.5.15).

≪조선일보≫. 1983.11.16. "국회 常任委(상임위) 보고-질문 내용 〈15일〉", 3면.
 https://newslibrary.naver.com/viewer/index.naver?articleId=1983
 111600239103001&editNo=1&printCount=1&publishDate=1983-1
 1-16&officeId=00023&pageNo=3&printNo=19266&publishType=0
 0010(확인일: 2023.5.15).

국가통계포털. "지역별고용조사/시군구/성/연령별 취업자(근무지기준)"(2021년 하반
 기 기준).

_____. "지역별고용조사/시도/산업별 취업자(근무지기준)"(2021년 하반기 기준).

_____. "사업체노동력조사/행정구역(시도)/산업/규모별 임금 및 근로시간(상용근로
 자,상용근로자 5인이상 사업체)"(2021년 기준).

_____. "인구총조사/인구부문/현 거주지별/통근통학지별 통근통학 인구(12세 이상)-시
 군구"(2015년 기준).

김석모. 2022.5.6. "KTX역 유치 신경전… "세종역 신설" "조치원역 정차" ". ≪조선일
 보≫. https://www.chosun.com/politics/election2022/2022/05/06/V
 QORCBTC3ZFH3NSNTTXMYUHFJE/(확인일: 2023.5.15).

김지수. 2021. 「광역교통정책을 위한 도시권 획정」. ≪교통기술과정책≫, 제18권 제2

호, 7~17쪽.

도시혁. 2021.6.28. "[초점] 전기 자전거가 자동차를 앞지르고 있는 유럽". ≪스마트투데이≫. https://www.smarttoday.co.kr/news/articleView.html?idxno=21055(확인일: 2024.1.31).

문보경. 2023.12.14. "여의도-청량리 가는 데 9분, 환승은 11.6분?…GTX 어쩌나". ≪전자신문≫, 6면. https://www.etnews.com/20231214000087(확인일: 2024.2.8).

손정목. 2003. 『서울 도시계획 이야기 3』. 한울.

____. 2003. 『서울 도시계획 이야기 4』. 한울.

신창균. 2018.10.22. "화성시, 공장 계획입지 비율 제주도에 이어 전국 꼴찌". ≪중부일보≫. http://www.joongboo.com/news/articleView.html?idxno=1296003(확인일: 2023.5.15).

안재광. 2014.1.28. "화성 근로자 10명 중 7명이 자가용 출퇴근…대중교통 이용 4.4% 그쳐". ≪한국경제≫. https://www.hankyung.com/society/article/2014012807641(확인일: 2023.5.15).

이지영·손선우. 2023.11.6. "대구시, 기업은행 유치 총력전 돌입…이전 부지로 '수성구청·법원터' 제공". ≪영남일보≫. https://www.yeongnam.com/web/view.php?key=20231105010000581(확인일: 2023.11.7).

이춘구. 2016.2.9. "도쿄 도심 인구 급증…5년 전보다 15~29% 늘어". ≪연합뉴스≫. https://www.yna.co.kr/view/AKR20160229068100009(확인일: 2023.6.8).

정세환. 2022.5.24. "광역철도 청주도심 통과 노선 쟁점 부상". ≪중부매일≫. http://www.jbnews.com/news/articleView.html?idxno=1361947(확인일: 2023.5.15).

최두선. 2020.12.15. "ITX 정부청사역은 '파란불', KTX 세종역은 '빨간불'". ≪한국일보≫. https://www.hankookilbo.com/News/Read/A2020121515060002102(확인일: 2023.5.15).

한국교통연구원. 2018.6.1. "모바일 Mobility Report(사람의 이동을 한 눈에 알아보다)", https://www.ktdb.go.kr/common/pdf/web/viewer.html?file=/D ATA/pblcte/20180704014312368.pdf(확인일: 2023.5.15).

한국철도공사. 2024.8.30. "2023 철도통계연보", https://info.korail.com/info/ selectBbsNttList.do?bbsNo=202&key=1421 (확인일: 2025.01.30)

행정안전부. "주민등록인구통계"(2022년 4월 기준. 확인일: 2022.6.21).

政府統計の総合窓口(e-Stat). 経済センサス-活動調査. "産業(小分類)別民営事業所数 及び従業者数 — 全国, 都道府県, 市区町村"(2016년 기준). https://www. e-stat.go.jp/stat-search/files?page=1&layout=datalist&toukei=0020 0553&tstat=000001095895&cycle=0&tclass1=000001116497&tclass 2=000001116502&tclass3val=0(확인일: 2022.6.21).

_____. 国勢調査. "都道府県·市区町村別の主な結果"(2020년 기준). https://www. e-stat.go.jp/stat-search/files?page=1&layout=datalist&toukei=0020 0521&tstat=000001049104&cycle=0&tclass1=000001049105&tclass 2val=0(확인일: 2024.2.8).

総務省統計局. 2016. "平成28年社会生活基本調査47都道府県ランキング". http:// www.stat.go.jp/data/shakai/2016/rank/index.html(확인일: 2023.5.15).

Burd, C., M. Burrows, and B. McKenzie. 2021. "Travel time to work in the united states: 2019. American Community Survey Reports." United States Census Bureau, 2. https://www.census.gov/content/dam/Cen sus/library/publications/2021/acs/acs-47.pdf(확인일: 2022.6.13.).

Gwilliam, K. M. 1997. "The Value of Time in Economic Evaluation of Transport Projects: Lessons from Recent Research." Infrastructure Notes, Transport Sector, Transport No. OT-5. World Bank. https: //documents1.worldbank.org/curated/ru/759371468153286766/p df/816020BRI0Infr00Box379840B00PUBLIC0.pdf(확인일: 2024.11.25).

ILO. "International Standard Industrial Classification of All Economic Activities (ISIC)." https://ilostat.ilo.org/resources/concepts-and-de finitions/classification-economic-activities/(확인일: 2023.5.15).

INSEE. "Emploi-Activité en 2016 Recensement de la population"(2016년 기준.) https://www.insee.fr/fr/statistiques/4171452?sommaire=4171473(확인일: 2024.11.25).

_____. "Estimation de la population au 1er janvier 2023"(2023년 기준). https://www.insee.fr/fr/statistiques/1893198(확인일: 2024.2.8).

London Datastore. "Jobs and Job Density, Borough"(2020년 기준). https://data.london.gov.uk/dataset/jobs-and-job-density-borough(확인일: 2022.6.21).

Martin, J., and L. Pichard. 2021. "Pres de 60 % des actifs travaillant a Paris ne resident pas dans la capitale." INSEE. https://www.insee.fr/fr/statistiques/5057486(확인일: 2022.6.21).

OECD. "Earnings and wages – Employee compensation by activity." https://data.oecd.org/earnwage/employee-compensation-by-activity.htm(확인일: 2023.5.15).

_____. "Employment – Employment by activity." https://data.oecd.org/emp/employment-by-activity.htm(확인일: 2023.5.15).

_____. "OECD Family Database." https://www.oecd.org/els/family/database.htm(확인일: 2023.11.2).

Office for National Statistics. "Estimates of the population for England and Wales"(2023년 기준). https://www.ons.gov.uk/peoplepopulationandcommunity/populationandmigration/populationestimates/datasets/estimatesofthepopulationforenglandandwales/mid20222023localauthorityboundaires(확인일: 2024.2.8).

Office of Energy Efficiency & Renewable Energy. "FOTW #1321, December 18, 2023: E-Bike Sales in the United States Exceeded One Million in 2022". December 18, 2023. https://www.energy.gov/eere/vehicles/articles/fotw-1321-december-18-2023-e-bike-sales-united-states-exceeded-one-million(확인일: 2024.2.8).

TUC. 2019.11.15. "Annual commuting time is up 21 hours compared to a decade ago, finds TUC." https://www.tuc.org.uk/news/annual-com muting-time-21-hours-compared-decade-ago-finds-tuc(확인일: 2023.5.15).

United States Census Bureau. "Quick Facts." 2020년 기준. https://www.cen sus.gov/quickfacts/fact/table/newyorkcountynewyork,US#(확인일: 2022.6.21).

World Bank. "Agriculture, forestry, and fishing, value added (current US$)." https://data.worldbank.org/indicator/NV.AGR.TOTL.CD(확인일: 2023.5.15).

_____. "Industry (including construction), value added (current US$)." https ://data.worldbank.org/indicator/NV.IND.TOTL.CD(확인일: 2023.5. 15).

_____. "Manufacturing, value added (current US$)." https://data.worldbank. org/indicator/NV.IND.MANF.CD(확인일: 2023.5.15).

_____. "Services, value added (current US$)." https://data.worldbank.org/in dicator/NV.SRV.TOTL.CD(확인일: 2023.5.15).

제 4 장

어그러진 도시의 삶

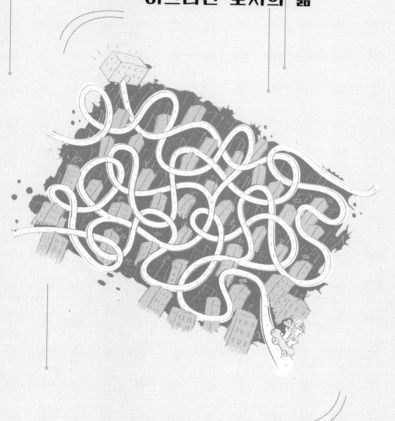

현재 한국의 도시가 여러 가지 측면에서 통근의 문제를 겪고 있으며, 이것이 도시 및 광역의 공간 구조가 영향을 끼치는 것은 어느 정도 사실로 보인다. 하지만 그런 도시가 구성될 수밖에 없었던 것은 현실적인 요소들과 각 개별 경제 주체들의 합리적인 의사 결정이 맞물린 결과인 것도 사실이다.

그렇다면 출퇴근 시간이 긺에도 이러한 구조를 안고 가는 것이 타당할까? 만약 이러한 도시 구조가 출퇴근 시간에만 영향을 미친다면 안고 갈 수 있을지도 모르겠다. 그러나 예로부터 시간은 금이라고 하는 격언이 있을 정도로 그 양이 대단히 제한된 재화다. 늘어난 출퇴근 시간은 다른 시간 활용에 연쇄적으로 영향을 끼칠 수밖에 없다. 이러한 공간 구조를 안고 갈 수 있을지 없을지를 판단하려면 이동 시간의 문제가 연쇄적으로 어떤 악영향이 생기는지를 살펴봐야 한다.

1 개인 활용 시간 감소

어그러진 도시의 가장 큰 문제는 시간 활용이다. 첫째로는 이동 시간 자체로 인한 개인의 활용 가능 시간 감소다. 개개인에게 주어진 평일 하루는 24시간이지만, 이 중에서 수면 시간,[1] 식사 시간, 노동 시간[2]을 빼

---

1   Rebecca Robbins et al., "Estimated sleep duration before and during the COVID-19 pandemic in major metropolitan areas on different

면 서구 대도시의 노동자라 할지라도 실제 온전히 활용할 수 있는 시간은 5시간을 약간 넘는 수준에 그친다. 즉, 출퇴근에 30분, 0.5시간의 추가 이동 시간이 필요하다는 것은 그 자체만으로도 개인이 활용할 수 있는 시간을 10% 줄인다.

둘째는 단시간 일자리의 메리트 감소와 그로 인한 노동 시간의 증대다. 예로 들어서 점심시간을 포함해 6시간에 15만 원을 실수령할 수 있는 일자리가 있다고 하자. 이 일자리가 출퇴근 30분이 걸린다면, 실제 노동자가 일자리를 위해 투입하는 시간은 6.5시간, 실질적인 시급은 2만 3077원 수준이 되어 상당히 매력적인 일자리가 된다. 반면 출퇴근이 2시간이 걸리게 된다면 노동자는 실질적으로 8시간을 투입해 15만 원을 받아 실질 시급이 1만 8750원으로 하락하게 된다.

〈그림 4-1〉은 이를 그림으로 나타낸 것이다. 출퇴근에 30분이 걸린다면, 6시간 일하는 경우와 8시간을 일하는 경우의 실질 시급 차이는 2.0%, 500원 정도에 그친다. 하지만, 출퇴근이 2시간일 경우에는 이러한 실질 시급 차이가 6.7%, 1250원으로 좀 더 벌어진다. 즉, 노동자가 오래 일할수록 시간당 보상이 늘어나는, 소위 말하는 탐욕스러운 일자리greedy job 효과, 즉 노동자 스스로 노동 시간을 늘리는 효과를 만들어 낸다.

---

continents: Observational study of smartphone app data," *Journal of medical Internet research*, Vol. 23 No. 2(2021). e20546. doi:10.2196/20546.

2   OECD, "Average usual weekly hours worked on the main job."

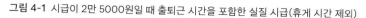

그림 4-1 시급이 2만 5000원일 때 출퇴근 시간을 포함한 실질 시급(휴게 시간 제외)

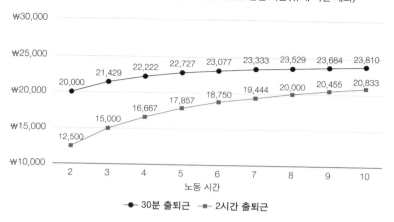

　　사업자 입장의 측면은 단정하긴 어려우나 생각해 볼 필요성이 있다. 장거리 출퇴근이 필요하다는 뜻은 그만큼의 거리를 출퇴근할 수 있는 사람이 제한적이라는 뜻이기도 하다. 그렇다면 사업자는 추가 고용을 하기보다는 기존에 일하는 사람에게 추가적인 임금을 주어 좀 더 오래 일하도록 하는 게 합리적일 수 있다.

　　즉, 사회 전체적으로 봤을 때, 일자리 나누기의 효과가 떨어지고 사업자 및 노동자 모두 장시간 노동에 관한 이해관계가 맞아떨어져 1인당 노동 시간 증대의 압력이 커지게 된다. 그에 따라 개인이 본인을 위해 활용할 수 있는 시간이 줄어든다.

2 구조적 성차별의 강화, 그리고 저출생

이렇게 줄어든 개인 활용 시간은 혼자만의 문제에 그치지 않고 가족의 삶까지 영향을 미친다. 먼저 살펴봐야 할 것은 구조적 성차별이다. 〈표 4-1〉은 한국과 프랑스의 취학 자녀가 있는 가정에서 성별 하루 평균 통근 시간이다. 한국 남성은 프랑스 남성보다 35분을 출퇴근 시간에 더 쏟아야 한다. 시간은 거리에 비례하고 면적은 거리의 제곱이므로 한국 남성은 프랑스 남성에 비하면 무려 2배나 넓은 경제적 기회 공간이 필요하게 된다. 이에 따라 한국 남성 노동자는 평균 노동 시간이 9시간[3]이 되며, 여기에 점심시간, 출퇴근 시간을 포함하면 약 12시간이 일에 붙잡히게 된다. 이렇게 줄어든 시간을 벌충하기 위해서인지 서울 사람의 수면 시간은 서구보다 1시간 적다.[4]

즉, 한국에서는 상대적 경제적 강자조차도 기본적인 생활을 영유하기 위해 자신을 희생해야 한다. 이쯤 되면 한국 남성의 장시간 노동과 장거리 출근은 본인을 위해서라기보다는 가정에 충분한 소득을 제공하기 위한 생존의 문제로 해석하는 게 더 옳을지도 모르겠다.

반면에 한국 여성의 통근 시간은 74분으로 프랑스 여성과 비슷한 통

---

3   허수연·김한성, 「맞벌이 부부의 가사노동 시간과 분담에 관한 연구」, ≪한국가족
     복지학≫, 제64권(2019), 5~29쪽.

4   Robbins et al., "Estimated sleep duration before and during the
     COVID-19 pandemic in major metropolitan areas on different
     continents."

표 4-1 한국과 프랑스의 취학 자녀가 있는 가정의 성별 하루 평균 통근 시간

	한국	프랑스	시간 배율	공간 배율
남성	110분	75분	1.47배	2.15배
여성	74분	70분	1.06배	1.12배

자료: OECD. "OECD Family Database."

근 시간을 나타낸다. 남성이 볼 때 이는 마치 여성이 더 윤택한 삶을 누리는 것처럼 보일지도 모르겠다. 그러나 실제로는 이와 거리가 멀다. 자녀가 없는 여성의 통근 시간은 85분, 그러나 자녀가 생기면 72분으로 축소가 되며, 자녀가 취학하더라도 통근 시간은 74분으로 자녀가 생기기 전 수준으로 되돌아가지 못한다.[5] 이는 남성이 노동 시간,[6] 출퇴근 시간 등 상대적으로 긴 시간을 집 밖에서 보낼 수밖에 없고 심지어 돌아오는 시간마저도 늦어지는 까닭에 남성의 가사 참여율이 떨어지게 되며,[7] 이에 따라 여성이 가사 일로 발이 묶여[8] 남성과 동등한 경제적 기회 공간을 가질 수 없게 됨을 의미한다.

---

5   OECD, "OECD Family Database."

6   허수연·김한성, 「맞벌이 부부의 가사노동 시간과 분담에 관한 연구」.

7   예로 들면 가사 활동 중 통근 시간이 길어질수록 식사 준비에 대한 시간이 적어지는 것은 통계적으로 밝혀진 바 있다. Thomas J. Christian, "Trade-offs between commuting time and health-related activities," *Journal of urban health*, Vol. 89(2012), pp. 746~757. https://doi.org/10.1007/s11524-012-9678-6

8   서미숙, 「성별에 따른 통근시간 결정요인에 관한 연구: 한국생활시간조사(Korean Time use Survey)를 중심으로」, ≪여성연구논총≫, 제18집(2016.2), 5~36쪽.

그림 4-2 한국 남성 노동자의 하루 시간 활용 예시

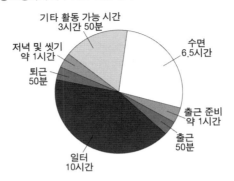

조금 더 최신의 연구들을 응용해 보자. 클라우디아 골딘Claudia Goldin 은 장시간 일할수록 보상이 큰 탐욕스러운 일자리에서 남녀 간의 소득 격차가 벌어진다는 걸 지적한 바 있다.[9] 그리고 장시간 출퇴근은 단시간 노동의 장점을 하락시켜 모든 일자리에 탐욕스러운 일자리와 비슷한 효과를 부여하게 된다. 노동자한테 출퇴근 시간은 돈을 벌기 위해 써야 하는 사실상의 무급 노동 시간이므로 출퇴근 시간이 길어질수록 사실 상 실질 시급이 더욱 크게 떨어지는 효과가 생기기 때문이다.

즉, 통근 문제가 만드는 구조적 성차별은 그 결과물이 사회적 성 관념 때문에 달라질 뿐 남성과 여성 모두가 피해자다. 오늘날 남성이 살기 힘

---

9   이에 관한 연구는 다음 저서를 참고하기 바란다. Claudia Goldin, *Career and Family: Women's Century-Long Journey toward Equity*(Princeton: Princeton University Press, 2021). 또는 클라우디아 골딘, 『커리어 그리고 가정』, 김승진 옮김(서울: 생각의힘, 2021).

들다고 느끼는 것은 여성의 사회 진출로 인해 생긴 문제가 아니라 잘못된 공간 구조 설계로 인해 남성들에게 많은 시간을 집 밖에서 쓰게 만든 사회 문제가 기여한 바가 있으며, 남성의 낮은 가사 참여율도 문화적인 요소만큼이나 잘못된 공간 구조의 설계가 제공한 바가 무시할 수 없을 정도로 크다. 어쩌면 공간 구조가 어그러진 것이 역으로 사회 문화적인 성 간 격차를 강화하는 요소로 작동할 수도 있다.

어그러진 도시가 남성과 여성의 삶에 직접적으로 타격을 입히다 보니 사회 전체적으로는 저출생과 결혼 회피의 문제가 생긴다. 만약 남성과 같은 수준의 경제적 기회를 찾으려고 하는 여성이라면 여성 역시 100분 이상의 장시간 출퇴근에 시달려야 할 것이다. 이 경우에는 남성이든 여성이든 모두 가사 참여 자체가 어렵게 되므로 결혼과 출산을 주저하게 만든다. 아쉽게도 이를 뒷받침할 통근과 결혼 간의 직접적인 관계에 대한 자료는 찾지 못했다. 그러나 이혼에 관한 자료는 찾을 수가 있었다. 샌도Erika Sandow[10]는 스웨덴의 사례를 바탕으로, 장거리 통근에 시달리는 부부일수록 이혼율이 높아지는 경향을 발견했다. 장거리 통근이 배우자 및 자녀와 시간을 보내는 것을 방해하기 때문에[11] 최소한 가족의 안정적인 유지를 방해한다는 건 밝혀진 셈이다.

---

10   Erika Sandow, "Til Work Do Us Part: The Social Fallacy of Long-distance Commuting," *Urban Studies*, Vol. 51, No. 3(2014), pp. 526~543.

11   Christian, "Trade-offs between commuting time and health-related activities."

그림 4-3 취업자 평균 소비 시간(평일)

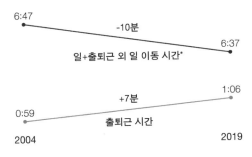

주: *는 무급 가족일 및 자가 소비 관련일 제외.
자료: 국가통계포털. "한국 생활시간 조사"(2004년 및 2019년 자료).

　기획재정부는 피터슨 경제연구소Peterson Institute for International Eco-
nomics[12]에 의뢰해 한국의 재정과 출산의 전망에 관한 보고서를 받았다.
이 보고서에는 여성의 사회 진출이 늘어남에도 불구하고 여전히 사회
적으로 여성의 높은 가사 분담률을 요구하기 때문에 출생률이 높아지
기 어렵다는 결론을 내렸다. 그러나 그 대책으로 외국인 남성과의 결혼
을 꺼내는 것은 그 실효성이 의문시된다. 문화적인 부분은 한국인 남성
보다 더 나을 수도 있으나, 외국인 남성이라 할지라도 한국에서 직장을
잡는 순간 장시간 출퇴근과 장시간 노동으로 인해 가사 참여가 어려울
것이기 때문이다.

12　Jakob Funk Kirkegaard, *The Pandemic's Long Reach: South Korea's
　　Fiscal and Fertility Outlook*, No. PB21-16(2021), Peterson Institute for
　　International Economics.

심지어 문화적 문제는 꾸준하게 해결되는 추세다. 한국인들의 시간 사용 실태를 보면 만족할 만한 수준은 아니지만 장시간 노동은 감소하고 있으며 남녀 간의 가사 참여 격차도 줄어들고 있다. 그러나 통근 시간만은 이를 해소하지 못하고 있다. 〈그림 4-3〉에서 보듯 평일의 노동 시간 감축량의 70%는 출퇴근 시간이 늘어나는데 할애되었다. 결국 출퇴근을 포함한 실질 노동 시간 감소는 평일 기준 지난 15년간 단 3분에 그쳤다.

3 시민 건강의 악화

개인의 활용 시간이 줄어드는데 건강할 수 있을 리가 만무하다. 크리스천Thomas J. Christian[13]에 따르면, 통근 시간이 증가할수록 신체 활동의 감소, 식사 및 식사 준비 시간의 감소, 수면 시간이 감소하는 경향이 뚜렷하게 나타났으며, 이로 인해 비만의 증가[14]가 나타나는 경향도 확인되었다. 코로나19 이전에도 한국인(서울 지역)의 수면 시간은 해외의 대

---

13   Christian, "Trade-offs between commuting time and health-related activities."

14   Javier Lopez-Zetina et al., "The link between obesity and the built environment. Evidence from an ecological analysis of obesity and vehicle miles of travel in California," *Health & place*, 12(4) (2006), pp. 656~664.

도시보다 1시간가량 적은 것[15]으로 나타났는데, 긴 출퇴근 시간이 적은 수면 시간 문제에 상당 부분 기여하는 셈이다.

아예 출퇴근 시간이 강제적으로 늘어난 특정 그룹을 대상으로 연구된 사례도 있다. 김상훈 외 2인[16]는 2001년 서울의 국제공항이 김포공항에서 인천공항으로 이전된 것에 착안, 근무지 이전 외 노동 환경이 변하지 않은 남성 노동자들을 대상으로 건강에 어떠한 변화가 있는지 추적했다. 기존 왕복 63분에 불과한 출퇴근 시간은 139분으로 총 76분이 늘어났으며, 이에 따라 50분의 수면 시간 감소가 일어나는가 하면, 운동 부족, 비만의 결과물인 γ-GTP(감마-글루타밀트랜스퍼라제)의 혈중 농도도 상승하는 것도 확인할 수 있었다.

정신 건강에 대해서는 아직 분분한 편이다. 영국의 사례에 따르면[17] 통근 시간이 늘어날수록 스트레스나 심리적 압박이 높아지는 경향이 뚜렷하게 관찰되는 등 삶에 대한 만족도가 떨어졌으며, 이는 통근 시간이 늘어남에 따라 레저 활동이 감소하기 때문으로 나타났다. 반면, 그러

---

15 Robbins et al., "Estimated sleep duration before and during the COVID-19 pandemic in major metropolitan areas on different continents."

16 김상훈·이지나·홍윤철, 「출퇴근 소요시간이 남자 근로자의 혈중 Gamma-glutamyltransferase에 미치는 영향」, ≪대한산업의학회지≫, 제14집, 제4호 (2002), 418~425쪽.

17 Kiron Chatterjee et al., "The commuting and wellbeing study: Understanding the impact of commuting on people's lives"(Bristol: UWE Bristol, 2017).

한 경향이 확실하게 나타나지 않는다는 연구 결과도 있다. 다만, 하루 20분의 통근 시간 증가는 직장 만족도에서 19%의 소득 감소와 동일한 효과를 보인다는 연구 결과를 참고[18]할 때, 통근 시간 증가에 따라 소득이 증가하는 경향이 충분히 고려되지 않았을 가능성도 존재한다.

4 도시의 서비스업 영세화

줄어든 개인의 시간은 이제 국가 전체의 내수에도 영향을 미친다. 〈그림 4-4〉는 한국 수도권 거주민(2016)과 베를린 주민(2019)이 목적에 따라 하루 몇 번을 이동하는지 보여주는 자료이다. 제1장에서 언급했지만, 하루 총이동 횟수만 보더라도 한국 수도권 주민들은 2.3회에 그치지만 베를린 시민들의 이동 횟수는 3.5회에 달한다.

이동 횟수의 구성 요소 차이를 보면 격차가 어디서 벌어지는지 드러난다. 베를린 시민이라고 해서 수도권 주민보다 출근을 더 자주 하거나[19] 학교를 더 자주 가는 게 아니다. 1.2회의 이동 횟수 격차 중에서 1회는 쇼핑, 레저 활동에서 발생한다. 이는 베를린의 시민들이 하루에 꼭

---

18 Robbins et al., "Estimated sleep duration before and during the COVID-19 pandemic in major metropolitan areas on different continents."

19 도시민(만 14세 이하 포함)의 60%가 휴가 없이 주 6일 꼬박 출근하더라도 평균 출근 횟수는 0.51회/일에 그친다.

그림 4-4 한국 수도권과 베를린 시민의 하루 목적별 이동 횟수 비교(거주민 1인당 이동 횟수)

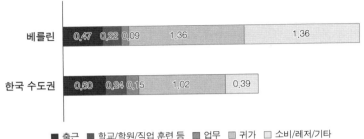

자료: ① 한국: 한국교통연구원. 2020. "KTDB 여객 통행실태 INDEX BOOK 우리나라 국민 이렇게 움직인다." ② 베를린: R. Gerike, S. Hubrich, F. Ließke, S. Wittig, and R. Wittwer, 2019. "Mobilitätsdaten - Forschungsprojekt 'Mobilität in Städten - SrV 2018' "(Dresden: Technische Universität Dresden).

한 번의 소비 생활에 참여하는 반면, 수도권에서는 출퇴근을 제외한 소비 생활이 평일에 일어나지 않음을 뜻한다. 바꾸어 말하면, 한국은 인적 자원의 활용률이 독일보다 떨어진다는 의미다.

그렇다면 낮은 인적 자원 활용률이 서비스업, 정확히는 도소매업과 음식 및 숙박업의 가게 주인들에게 어떤 영향을 끼치는지 생각해 보자. 독일의 가게 주인이라면 월화수목금 평일 내내 손님들이 찾아온다. 매출이 안정적이니 직원 고용도 안정적으로 할 수 있다. 그러나 한국의 서비스업은 다르다. 손님들은 평일에 시간이 없으니 월화수목금 일주일 중 5일을 찾아오지 않다가 토요일 하루 반짝 손님이 몰린다. 이제 주인 입장에서는 직원 고용의 문제가 생긴다. 월화수목금은 장사가 잘 안 되므로 직원의 고용 필요성이 낮다. 그렇다고 토요일 하루만을 위해서 고용하면 직원 입장에서는 임금 총액이 줄어들어 메리트가 없는 직장이

표 4-2 산업별 종사자 1인당 생산성(부가 가치 창출) 현황(2018)　　　　　(단위: 미국 달러)

	독일	에스파냐	프랑스	영국	이탈리아	일본	한국
1차	52,296	48,224	69,205	47,498	46,664	25,056	22,484
2차	94,709	71,865	88,700	88,029	74,049	91,749	86,899
(제조업)	99,633	64,139	88,179	88,712	73,541	98,044	101,912
3차	82,488	66,160	93,391	77,362	85,235	71,738	51,324
2차 대비 3차 산업 부가 가치	87%	92%	105%	88%	115%	78%	59%

주: 종사 분류 기준은 국제노동기구(ILO)의 ISIC Rev 3에 따른다. ILO. "International Standard Industrial Classification of All Economic Activities (ISIC)." OECD의 통계와 세계은행의 통계가 혼용되어 있다는 한계점을 밝혀둔다.

자료: OECD. "Employment – Employment by activity"; World Bank. "Agriculture, forestry, and fishing, value added (current US$)"; World Bank. "Industry (including construction), value added (current US$)"; – World Bank. "Manufacturing, value added (current US$)"; World Bank. "Services, value added (current US$)."

된다. 그렇다면 가게 주인은 토요일 하루 장사를 위해 6일을 고용하되 시급을 낮춰버리는 방법만 남게 된다.

결국 소비 시간의 부족으로 생긴 3차 산업의 낮은 매출, 낮은 생산성은 고용인과 피고용인 모두 극한에 몰리게 만든다. 피고용자의 보상률은 서구 선진국에 견줄 수 있지만 액수로는 2차 산업 종사자의 보상보다 턱없이 낮으니, 3차 산업 피고용자들은 월급 액수 자체에 불만이 생긴다. 반면 고용인은 매출이 턱없이 낮은 상황에서 독일과 프랑스에 준하는 수준의 비율로 피고용인들의 몫을 챙겨주고 있다. 자연스레 사업자의 절대적인 몫은 줄어들고 최종적으로는 자신의 사업에 재투자할 여력이 낮아지게 된다. 이는 도심 입지형, 또는 거주지 인접 산업들의 성장이 가로막히고 계속 자영업의 형태로 영세하게 남게 됨을 뜻한다.

전통 시장이 죽고 대형 마트가 활성화되고 더 넘어가서 온라인 쇼핑이 활성화되는 것도 같은 측면에서 생각할 수 있다. 노동 시간과 출퇴근 시간만으로도 평일의 모든 시간을 다 쓰게 되면 일반적인 시민들은 당일 소비해야 하는 것을 당일에 살 수가 없게 된다. 그렇다면 주말에 일주일 치를 대량으로 구매해야 하는데, 짐이 많아서라도 주차가 되는 대형 마트가 우선시되며 평일에 시간이 없어서라도 온라인 쇼핑을 하게 되는 것이다.

5 지방 도심 공동화

물론 경인 지역은 서비스업의 영세화 문제에서 조금은 자유롭다. 첫째는 전체적인 인구다. 인구 자체가 많으니 박리다매의 형태라도 서비스업을 유지할 수 있다. 둘째는 주요 발달 산업이 도심 입지형 산업이라는 점이다. 일하는 장소와 소비하는 장소가 일치할 가능성이 크니 3차 산업의 근간인 도소매업과 음식 및 숙박업도 해당 종사자를 상대로 장사를 하는 식으로 버틸 수가 있다.

하지만 지방 대도시로 갈수록 이 문제는 더 심각해진다. 첫째로는 인구 자체가 적으므로 박리다매형으로 업종을 유지하는 게 어렵다. 둘째는 낮의 인구는 서울과 차이가 더 심하다는 것이다. 〈그림 4-5〉에서 보듯 지방 대도시의 소득이 외곽 지역보다 낮으니, 지방 대도시의 구직자는 자연스레 외곽의 직장을 찾게 된다. 이는 실질적으로 일주일의 대부

그림 4-5 5인 이상 사업체 상용 노동자 임금 현황(2021)

자료: 국가통계포털. "사업체노동력조사/행정구역(시도)/산업/규모별 임금 및 근로시간(상용근로자, 상용근로자 5인이상 사업체)." 2021년 기준.

분을 차지하는 평일에 도시 안에 있는 사람의 숫자가 더 적어짐을 의미한다. 거주 통근·통학자에 한정하면 서울[20]과 부산의 인구 차이는 3.0배에 불과하지만, 실제 이들이 경제 활동을 하는 낮에는 3.5배까지 벌어진다. 부산의 주요 일자리가 물류업임을 생각하면 실질적으로 사업지 주소만 부산으로 되어 있을 뿐, 낮에 부산에서 경제 활동을 하는 인원은 통계상의 숫자보다 더 적을 수도 있다. 대구와 서울의 격차도 4.2배가 아닌 5.2배다. 지방 대도시는 낮 시간대에 경제 활동을 하는 사람들의 실제 숫자는 더 적은 데다가, 그나마 도시 내에 남은 사람도 소득이 낮으니 서비스업의 영세화 문제가 더 커진다.

---

20 통근·통학자 기준 거주 인구 574만 9509명, 종사(등교)인구 651만 7097명.

제4장 어그러진 도시의 삶 165

표 4-3 도시·외곽 소득 격차에 따른 종상비 변화

도시명	도시·외곽 소득 격차	거주 통근·통학자	종사(등교) 통근·통학자	종상비
부산	180,880원	1,900,950명	1,842,935명	0.97
대구	569,520원	1,380,786명	1,264,877명	0.92
광주	345,641원	855,911명	805,903명	0.94
대전	204,379원	893,430명	861,366명	0.96

주: 부산과 대전의 외곽 지역은 각각 경남과 세종에 한정함.
자료: 국가통계포털. "인구총조사/인구부문/현 거주지별/통근통학지별 통근통학 인구(12세 이상)-
시군구"(2015년 기준); 국가통계포털. "사업체노동력조사/행정구역(시도)/산업/규모별 임금
및 근로시간(상용근로자,상용근로자 5인이상 사업체)"(2021년 기준).

문화 시설을 포함한 편의 시설, 소위 어메니티의 격차도 여기서 발생
한다. 사람도 없고, 시간도 없고, 심지어 도시 내에 남아 있는 사람은 돈
도 없는 상황이니 지방에 고층위 서비스를 유지하기 힘들어지고 서울
의 정주 여건을 따라가기 버거워진다. 이러한 정주 여건의 차이는 다시
고소득 직업의 서울 유출을 낳게 되므로 악순환의 고리가 생긴다.

지역별로 최저 임금을 다르게 하자, 업종별로 최저 임금을 다르게 하
자는 요구가 생기는 이유도 이 때문이다. 2차 산업의 노동 조건은 개선
될 수 있음에도 열악한 게 사실이다. 그러나 3차 산업에서는 전반적으
로 임금을 올릴 만한 여력이 없다. 지방 도심의 3차 산업은 더 열악하다.
월급을 더 주고 싶어도 손님도 없고 매출도 없기 때문이다.

개인의 삶이 힘드니, 국가 전체 경제도 타격을 받는다. 서비스업 부가
가치 하락과 영세화는 상대적 단기간의 내수 경제 성장을 멈추는 요인
이 된다. 개인의 건강 문제가 생긴다는 것은 사회 전체적으로 보건 복지
비용이 증가한다는 뜻이기도 하다.

그림 4-6 어그러진 도시 구조와 내수 시장 충격

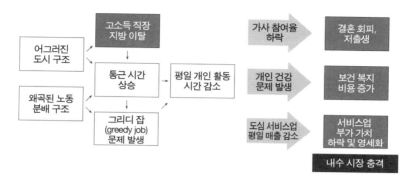

　장기적으로 제일 큰 문제는 결국 결혼 회피와 저출생이다. 저출생의 가장 큰 문제는 결국 미래의 경제 활동 인원이 감소한다는 뜻으로써, 기업들이 생산한 재화와 서비스를 소비할 사람이 줄어들고, 국가는 전반적인 경제 활력이 저하되는 문제를 겪게 된다. 물론 도시 구조의 문제가 현재 우리나라가 겪고 있는 문제들의 유일하거나 압도적인 영향을 주는 원인까지는 아닐 것이다. 하지만, 일정 부분 영향을 끼친다고는 말할 수 있을 것이다.

부 록

부록 4A. 어그러진 도시와 예비타당성조사

이 책에서는 특정 정책이나 제도에 관해 언급하는 것은 되도록 삼가고자 하나, 예비타당성조사 제도와 교통 요금에 대한 부분에 관해서는 이야기하고자 한다. 이는 해당 정책이 대중교통 확보 및 운영에 연계되어 시공간의 이동과 관련된 투자에 직접적인 관계가 있기 때문이다.

예비타당성조사의 허들이 매우 높다 보니, 지방의 경우 이 제도가 수도권만을 위한 제도라는 인식이 있지만, 정작 수도권조차도 예비타당성조사를 통과하지 못해서 시설 규모를 줄이다가 280%의 혼잡률에 시달리는 김포 도시 철도와 같은 사례[1]가 있다. 때문에 이 제도에 문제가 있다는 것은 해당 제도에 관심이 있는 사람들에게는 합의가 상당 부분되어 있고, 이때껏 할인율, AHP 평가 등으로 보정을 하려다가, 근래에는 대규모 사업에서 예비타당성조사의 면제까지 추진하는 사례가 심심찮다.

하지만 정작 문제의 본질은 사람의 가치가 매우 싸다는 데 있다. 경제성 통과를 못 해서 100명이 탈 열차에 280명을 태우도록 만들었다면, 이건 사람 한 명을 태우는 데에 과하게 싼 가치를 매겼다는 것으로 해석해야 한다. 왜 이런 일이 벌어졌을까?

첫째, 정말로 사람의 가치 자체가 너무 낮기 때문이다. 한국은 시간

---

1 "혼잡률 285% 실화? '골병라인' 오명 쓴 김포골드라인, 과연 나아질 수 있을까?", ≪KBS≫, 2023년 4월 27일 자.

그림 4-7 제조업의 저임금과 교통사업 간의 관계

제조업의 고생산성 저임금

저임금을 기준으로 한 시간 가치 산정

교통 사업 경제성 평가 하락

교통 사업 보류/축소

가치를 산출할 때 업무 통행의 시간 가치를 임금을 통해 산출하고, 그다음 업무 통행과 비업무 통행의 시간 가치 비율을 산정해, 비업무 통행의 시간 가치를 산정한다. 때문에 임금이 중요한데, 이 임금의 기준을 제조업과 도소매업을 기준[2]으로 잡았다. 문제는 제3장에서 보았듯이 한국 제조업은 노동자에 대한 분배가 굉장히 적은 직군이고 도소매업은 전반적인 생산성이 낮아 임금이 적다. 깎인 임금을 기준으로 경제성 평가가 이루어지므로 저임금 자체가 사회 기반 시설의 확충에 영향을 미치고 있다.

둘째, 한국의 장시간 노동과 장시간 출퇴근 자체가 통상적인 방법으로 시간 가치를 산정하는 데 부적절(과소 추정)하게 만든다는 가설이다. 굿윈Phil Goodwin[3]은 시간적·금전적 풍요와 빈곤이 시간 가치 산정에 영

2   이승헌·정우현·최규진·홍준의, "예비타당성조사 수행을 위한 세부지침 도로·철도부문 연구"(한국개발연구원, 2021).

3   Phill Goodwin, "The Influence of Technologies and Lifestyle on the Value of Time," *International Transport Forum Discussion Papers*, No.

표 4-4 시간과 돈의 빈곤과 풍요가 시간 가치에 미치는 영향에 대한 가설

	시간적 빈곤	시간적 풍요
금전적 빈곤	시간 절약 효용: 큼 돈 절약 효용: 큼 실제 시간 가치보다 계산되는 시간 가치가 과소평가될 수 있음	시간 절약 효용: 작음 돈 절약 효용: 큼 시간 가치가 낮음
금전적 풍요	시간 절약 효용: 큼 돈 절약 효용: 작음 시간 가치가 높음	시간 절약 효용: 작음 돈 절약 효용: 작음 실제 시간 가치보다 계산되는 시간 가치가 과대평가될 수 있음

자료: ITF. 2019. *What is the Value of Saving Travel Time?*, ITF Roundtable Reports, No. 176. Paris: OECD Publishing.

향을 미친다는 가설을 제시했다. 이 중 실제 시간적·금전적 빈곤이 겹치는 지점과 시간적·금전적 풍요가 겹치면 시간 가치 산정이 왜곡될 가능성이 클 것으로 예측했는데, 특히 둘 다 빈곤할 경우 실제 시간 가치에 비해 산출되는 시간 가치가 낮을 것으로 추측했다.

이 가설에 기반하면 한국은 노동 시간과 출퇴근 시간이 다른 나라보다 월등히 길고 개개인의 소득[4] 역시 낮으므로 경제성 평가가 낮게 측정되었을 가능성이 크다. 특히 이 제도가 도입된 시기가 1999년인데 이 시기는 한국이 현재보다 시간적·금전적으로 더욱 빈곤했음을 생각하면 한국은 20년 이상을 과소평가된 시간 가치로 경제성 평가를 한 셈이 된

2019/03(Paris: OECD Publishing, 2019).

4   세후 소득은 낮지 않을 수 있으나, 개인의 사회 복지를 뒷받침해줄 수 있는 세전 소득 및 기업이 부담해야 하는 사회 보장세, 즉 오버헤드가 낮으므로 이에 대한 부분을 세후 소득에서 개인적으로 벌충해야 한다.

다. 상당수의 대중교통망 확보 사업이 낮은 경제성 평가를 받았을 가능성이 크며 특히 상대적으로 이용객 수가 적은 지방 대중교통망의 확충에는 더욱 치명적인 요소였을 것이다. 한국의 상황을 충분히 고려하지 못한 채 제도가 도입되어 충분한 교통망 투자가 이루어지지 못했을 가능성이 있다.

부차적인 문제도 몇 가지 있다. 먼저 지방, 농어촌을 배려하기 위해 도입된 낙후도 평가다. 현재 낙후도 평가는 도시 간의 위계를 무시한 채 모든 시군구를 동일한 수준에서 평가한다. 그래서 낙후도 평가에서는 부산시가 경남 산청군보다 덜 낙후한 것으로 나온다. 그러나 이것이 큰 의미가 있는 정보인지 생각해 볼 필요가 있다. 항만 기능 때문에 전국 단위의 기능이 중요한 부산시가 지역 중심 도시인 경남 진주시도 아닌 그 인접 지자체인 산청군보다 발전 필요성이 있다는 것은 부정하기 힘든 사실이다. 그보다는 지역 중심지의 역할을 해야 하는 진주시가 서울의 위성 도시인 경기 성남시보다 낙후한 게 더 심각한 사회 문제라 할 수 있다. 현재와 같은 일률적인 낙후도 평가로는 지역 중심 도시들이 경제성에서는 아무래도 인구가 많은 수도권에 밀리고 낙후도 평가에서는 농어촌에 밀릴 수밖에 없다.[5·6]

상댓값인 B/C가 절대적인 기준이 되는 것도 문제가 다분하다. 특정

5   한국개발연구원, 「지역낙후도지수 및 순위 적용에 대한 기준연도 변경」(한국개발연구원, 2012).

6   김민호·이호준·김석영·김형석·오승연, 「타당성평가에서의 지역낙후도 분석 개선방안 연구」(한국개발연구원, 2020).

사업에 있어서 1안과 2안이 있다고 하자. 1안은 편익이 9000억 원에 비용이 1조 원이고, 2안은 편익이 2400억 원에 비용이 2000억 원이다. 겉보기에는 1안의 B/C는 0.9, 2안의 B/C는 1.2로 2안이 타당성 있다. 하지만 총편익은 1안이 더 크다. 만약 기존 교통망으로 60분이 걸리는 것을 1안은 30분으로 줄이고, 2안은 55분으로 줄이는 것이라면 아예 2안은 일시적인 대책일 뿐 요구되는 개선의 과락, 하한선에도 못 미칠 가능성도 있다. 심지어 B/C가 제대로 산출되지 않을 가능성도 있다. 앞서서 거론했듯 시간 가치의 과소평가 등의 문제로 편익(B)이 제대로 산정되지 않았을 가능성도 있지만, 지방 광역 철도의 사례[7]처럼 새로운 사례는 비용(C)의 산정 기준이 없어 문제가 되기도 한다.

단, 예비타당성조사 무용론, 예비타당성조사 면제 등의 남발은 분명히 막아야 한다. 예비타당성조사는 경제성 평가뿐만 아니라 다른 부분까지 같이 살피는 종합적 평가이다. 대표적인 예로 예비타당성조사가 면제되었던 대전 도시 철도 2호선 트램 사업의 경우 무가선 배터리를 전제로 사업이 통과되었으나 리튬 배터리의 용량만으로는 30km가 넘는 노선을 운행하는 것이 불가능한 것으로 드러남으로써 에너지 공급 방식의 문제로 오랜 혼선을 겪었다. 예비타당성조사를 했다면 실제 운행이 가능한지 불가능한지 기술적인 문제를 따지고 사업이 추진되었을

---

7   지방 광역 철도는 기존 일반 열차가 다니는 선로에 광역 철도를 같이 다니게 하는 방식으로 수도권의 중앙선 광역 전철과 비슷한 방식으로 운영되나, 수도권 중앙선은 예비타당성조사 도입 전에 시행된 사업이었던 까닭에 해당 방식으로 운영되는 광역 철도의 경제성 평가는 지방이 첫 사례였다.

것이므로 이러한 혼란을 회피할 수 있었을지도 모른다.

사업을 추진하는 때에도 예산 낭비를 막기 위해서 경제성 평가는 여전히 유효하다. 대표적인 문제가 지하화 사업이다. GTX-C선, 김포 도시 철도의 사례와 같이 고가 철도망을 구축해 예산을 절감할 수 있었음에도 불구하고, 주민들의 요구로 예산이 더 필요한 지하화가 검토되거나 추진되는 경우가 적지 않다. 그러나 정부의 예산은 한정되어있다. GTX-C가 지하화되어 예산이 증액되면 다른 지역의 교통망 사업의 예산은 줄어들게 마련이다. 한정된 정부의 예산으로 최대한 많은 곳의 교통망 보급과 운영에 신경 쓰는 게 옳을지, 특정 지역만의 조경 등의 요소에 예산을 더 투여하는 게 옳을지 당위성 측면에서 생각해야 한다. B/C 1이 넘는다고 해 편익값(B)이 비슷할 것으로 예측되는 상황에서 굳이 비용(C)을 더 치르는 안을 선정할 필요는 없다.

따라서 예비타당성조사를 없애거나 면제하기보다 예비타당성조사의 경제성 평가를 개선하는 것이 옳다. 경제성 평가의 절대적 수치는 제대로 나오지 않을 수 있다는 한계성을 인정하고, 전국 단위의 예산 집행이 아니라 지역별로 현안 사업을 선정한 뒤에 지역별로 B/C가 높은 것부터 추진하는 것이 해법이 될 수 있다. 개선되는 정도가 요구되는 정도에 못 미치는 경우는 대안으로써 고려되지 말아야 한다. 낙후도 문제는 도시 위계에 맞추어서 지자체들을 카테고리별로 나누어서 낙후도를 따지는 방식을 고려해 볼 수 있다. 그 외에도 단건형의 예비타당성조사보다 네트워크 전체에 대한 조사를 도입하는 등 현행의 예비타당성조사에 개선 요소가 충분히 있으므로 논의가 필요하다.

부록 4B. 적정한 교통 요금의 문제

다른 하나의 문제는 교통비다. 대중교통 요금의 인상은 여론이 워낙 민감하게 반응하기 때문에 많은 정치인이 교통 요금 인상을 주저한다. 서울시의 경우 2015년에 대중교통 요금이 인상된 이래 무려 8년간이나 대중교통비의 인상을 자제해 왔다. 교통비 억제는 분명히 물가 상승의 압박을 낮추고, 가계에 도움 되는 효과가 있기 때문에 이를 이동권 확보 측면에서 나쁜 정책이라고 할 수 없다. 그러나 해당 정책에는 명암이 분명히 있다.

먼저 교통비 인상의 억제는 선별적 복지 측면에서는 좋지 않은 선택이다. 예로 들어 통상 편도 30분이 걸리는 10km 정도의 교통 요금을 서울과 상대적으로 요금이 비싸다고 하는 도쿄와 비교해 보자. 서울지하철의 요금은 1400원, 도쿄메트로의 요금은 210엔으로 1엔당 10원의 환율로 적용했을 때 700원의 차이에 불과한 등 아무리 비싼 요금을 적용한다고 하더라도, 요금의 할인에 한계가 있음을 알 수 있다. 하지만 복지가 꼭 필요한 1인에게 직주 근접이 가능한 주거를 해결해 주면 시급으로 치면 최저 임금이라 해도 5000원의 소득을 벌 수 있다.

여기까지는 선별적 복지와 보편적 복지의 관점 차이라고 할 수 있다. 그러나 두 번째, 중산층 이상에게도 교통 요금 인하 효과가 발생할 경우 장거리 출퇴근을 유도할 수 있다는 문제가 있다. 소위 리바운드 효과 rebound effect다. 자동차에 관한 연구이긴 하나 변지혜 외 2인[1]에 따르면 자동차의 연비 개선 및 도로의 공급으로 이동 비용이 줄어들면, 새로운 수요도 생기지만 기존에 이동하던 사람들도 더 장거리를 이동하는 효과가 나타났다. 이를 보편적으로 해석할 경우, 요금 인상 없이 교통망을 공급하는 것은 출퇴근 시간을 억제하기보다 오히려 무분별한 도시 확장, 스프롤 현상을 부추길 수 있다.

셋째, 이러한 교통 요금 인상 억제가 전국적으로 고르게 적용된 것도 아니다. 수도권의 거리 비례제 요금은 2007년 이래 km당 20원을 유지하고 있지만, 지방 농어촌에서 광역 버스 역할을 하고 있는 완행 시외버스의 국도 요금은 2006년 km당 93원[2]에서, 2023년 138원[3]까지 치솟은 상태다. 어떤 측면에서 보자면 소멸 위기를 겪고 있는 지역과 과도한 팽창의 문제를 겪고 있는 지역에 필요한 정책이 서로 반대로 적용된 셈이다.

물론, 도심의 비싼 땅에 임대 주택을 공급하는 정책은 돈이 많이 들며 단기간 내에 이룰 수 없다. 이때까지 낮은 교통 요금에 익숙해져 있는 국민들에게 갑작스럽게 높은 교통 요금을 부담하게 만드는 것은 국가 경제적으로도 충격을 줄 수도 있다. 따라서, 앞서 말한 예비타당성조사

1   J. Byun, S. Park, and K. Jang, "Rebound effect or induced demand? Analyzing the compound dual effects on VMT in the US," *Sustainability*, 9(2), 219(2017).

2   건설교통부, "시외버스·고속버스, 철도 운임상한 인상", 2006년 8월 8일 자; 한국교통연구원, "수도권 통근시간 1시간인 직장인 통근행복상실 월 94만 원", 2013년 9월 11일 자.

3   국토교통부, "시외·고속버스 운송사업 운임·요율 상한 조정 통보", 교통서비스정책과-4216, 2023년 6월 27일 자.

제도 개선을 통해 대중교통 확충을 약속함과 동시에 점진적으로 거리 비례 요금을 인상해야 한다. 특히 이 원칙은 출퇴근 문제가 심각한 수도권일수록 더 강력하게 적용되어야 한다. 이로 인해 생기는 수도권 지역의 교통 요금 수입은 농어촌 지역의 시외버스, 농어촌 버스, 중소 도시의 시내버스에 지원해 해당 지역의 과도한 수준의 거리 비례제 요금을 낮추고 배차 빈도를 늘리는 등 서비스 수준을 개선하는 데에 쓰여야 한다. 또한 2장에서 언급했듯 대중교통 서비스의 개선은 자가용 교통에게도 긍정적인 영향을 주는 만큼 유류세 및 고속 도로 요금 역시 인상함과 동시에 해당 재원을 대중교통에 지원할 수 있도록 법적 근거를 마련할 필요가 있다.

참고문헌

건설교통부. 2006.8.8. "시외버스·고속버스, 철도 운임상한 인상." https://www.ko
rea.kr/common/download.do?fileId=160495522&tblKey=GMN(확인
일: 2024.11.25).

국가통계포털. "한국 생활시간 조사"(2004년 및 2019년 자료).

_____. "사업체노동력조사/행정구역(시도)/산업/규모별 임금 및 근로시간(상용근로
자,상용근로자 5인이상 사업체)"(2021년 기준).

_____. "인구총조사/인구부문/현 거주지별/통근통학지별 통근통학 인구(12세 이상)-
시군구"(2015년 기준).

국토교통부. 2023.6.27. "시외·고속버스 운송사업 운임·요율 상한 조정 통보." 교통서
비스정책과-4216. http://gnbus.or.kr/bbs/board.php?bo_table=news
&wr_id=20&sst=wr_datetime&sod=desc&sop=and&page=1(확인일:
2024.11.25).

김민호·이호준·김석영·김형석·오승연. 2020. 「타당성평가에서의 지역낙후도 분석 개선방
안 연구」. 한국개발연구원. https://www.kdi.re.kr/research/reportView?&
pub_no=16897(확인일: 2024.11.25).

김상훈·이지나·홍윤철. 2002. 「출퇴근 소요시간이 남자 근로자의 혈중 Gamma-
glutamyltransferase에 미치는 영향」. ≪대한산업의학회지≫, 제14권, 제4
호, 418~425쪽.

서미숙. 2016. 「성별에 따른 통근시간 결정요인에 관한 연구: 한국생활시간조사
(Korean Time use Survey)를 중심으로」. ≪여성연구논총≫, 제18호,
5~36쪽.

이승헌·정우현·최규진·홍준의. 2021. "예비타당성조사 수행을 위한 세부지침 도로·철
도부문 연구". 한국개발연구원. https://www.kdi.re.kr/research/report
View?&pub_no=17190(확인일: 2024.11.25).

한국개발연구원. 2012. "지역낙후도지수 및 순위 적용에 대한 기준연도 변경". ttps://

pimac.kdi.re.kr/cooperation/notice_view.jsp?seq_no=20263&page
No=2&showListSize=30(확인일: 2024.11.25).

한국교통연구원. 2020. "KTDB 여객 통행실태 INDEX BOOK 우리나라 국민 이렇게
움직인다." https://www.ktdb.go.kr/common/pdf/web/viewer.html?fi
le=/DATA/pblcte/20200824025919441.pdf(확인일: 2022.12.30).

허수연·김한성. 2019. 「맞벌이 부부의 가사노동 시간과 분담에 관한 연구」. ≪한국가족
복지학≫, 제64호, 5~29쪽.

≪KBS≫. 2023.4.27. "혼잡률 285% 실화? '골병라인' 오명 쓴 김포골드라인, 과연 나
아질 수 있을까?". https://news.kbs.co.kr/news/view.do?ncd=7662
432(확인일: 2023.6.1).

Byun, J., S. Park, and K. Jang. 2017. "Rebound effect or induced demand?
Analyzing the compound dual effects on VMT in the US."
Sustainability, 9(2) (219).

Chatterjee, K., B. Clark, A. Martin, and A. Davis, 2017. The commuting and
wellbeing study: Understanding the impact of commuting on
people's lives. Bristol: UWE Bristol. https://www.travelbehaviour.
com/outputs-commuting-wellbeing/(확인일: 2022.12.30).

Christian, T. J. 2012. "Trade-offs between commuting time and health-
related activities." *Journal of urban health*, 89(5), pp. 746~757.

Gerike, R., S. Hubrich, F. Ließke, S. Wittig, and Wittwer, R. 2019. "Mobil-
itatsdaten - Forschungsprojekt 'Mobilität in Städten - SrV 2018'."
Dresden: Technische Universitat Dresden. https://www.berlin.de/
sen/uvk/verkehr/verkehrsdaten/zahlen-und-fakten/mobilitaet-in-
staedten-srv-2018/(확인일: 2022.5.16).

Goldin, C. 2021. *Career and Family: Women's Century-Long Journey toward
Equity*. Princeton: Princeton University Press.

Goodwin, P. 2019. "The Influence of Technologies and Lifestyle on the

Value of Time." International Transport Forum Discussion Papers, No. 2019/03, Paris: OECD Publishing. https://www.itf-oecd.org/influence-technologies-and-lifestyle-value-time(확인일: 2023.6.1).

ITF. 2019. What is the Value of Saving Travel Time?, ITF Roundtable Reports, No. 176, Paris: OECD Publishing. https://www.itf-oecd.org/what-value-saving-travel-time(확인일: 2023.6.1.).

Kirkegaard, J. 2021. *The Pandemic's Long Reach: South Korea's Fiscal and Fertility Outlook*. No. PB21-16. Peterson Institute for International Economics.

Lopez-Zetina, J., H. Lee, and R. Friis, 2006. "The link between obesity and the built environment. Evidence from an ecological analysis of obesity and vehicle miles of travel in California." *Health & place*, 12(4), pp. 656~664.

OECD. "Average usual weekly hours worked on the main job." https://stats.oecd.org/Index.aspx?DataSetCode=AVE_HRS(확인일: 2022.6.13).

_____. "OECD Family Database." https://www.oecd.org/els/family/database.htm (확인일: 2023.11.2).

Robbins, R., M. Affouf, M. D. Weaver, M. E. Czeisler, L. K. Barger, S. F. Quan, and C. A. Czeisler, 2021. "Estimated sleep duration before and during the COVID-19 pandemic in major metropolitan areas on different continents: observational study of smartphone app data." *Journal of medical Internet research*, 23(2), e20546. doi:10.2196/20546.

Sandow, E. 2014. "Til Work Do Us Part: The Social Fallacy of Long-distance Commuting." *Urban Studies*, 51(3), pp. 526~543.

제 5 장

마치며

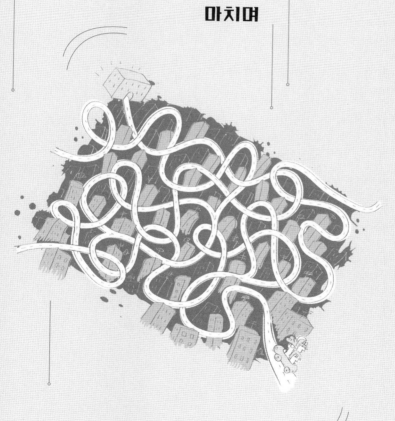

도시 구조를 바꾸어 나가는 일이나, 교통망을 새로이 설치하는 일은 매우 큰돈이 드는 사업이다. 특히 기존 도시일수록 더욱 그렇다. 제4장에서 살펴본 모든 단점들을 고려하더라도 선뜻 이러한 공간 구조를 바꿔 나가는 것에는 사회적 타협과 큰 결심이 필요할 것으로 보인다. 그렇기에 이러한 문제를 해결하는 것은 한 사람의 아이디어로는 불가능한 일이다. 다만, 만약 공간 구조를 바꿔 나가기로 한다면 앞으로 우리가 어떤 점을 논의해야 하는지 몇 가지만 간략하게 이야기하며 마무리하려 한다.

첫째, 공간 범위에 대한 고민이 필요하다. 도심은 얼마나 압축되어야 하는지, 이 도심을 중심으로 도시와 도시 권역은 어떻게 공간 범위를 배정해야 하는지 논의가 필요하다. 개개인의 거주 생활 범위를 중심으로 한 15분 도시가 최근 들어 주목받고 있지만, 도심과 부도심의 경우 비즈니스 활동이 중심이므로 범위에 차이가 있을 것이다. 서구 및 일본의 대도시는 대부분의 도심과 부도심이 대부분 중심지 반경 5km 이내에 있는 압축 도심(콤팩트 코어)이라고는 할 수 있으므로 참고 사례로는 활용할 수 있을 것으로 보인다.

둘째, 도심의 기능 집적화와 고밀도화에 대한 고민도 필요하다. 존 제도도 강화되어야겠지만 경제적인 동기로 임대료나 토지 비용이 싼 외곽 지대로 나가는 현상도 완화할 수 있어야 한다. 상업 지역은 물론이거니와 도심의 주거지 역시 저밀도로 유지하는 것이 옳을지 고민이 필요하다. 또한 도심은 아니지만 공업 지구 역시 개별 입지를 억제하고 통근이 편리한 곳에 계획적으로 공업 시설이 들어서도록 해야 한다.

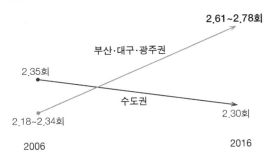

그림 5-1 대도시 권역별 1인당 이동 횟수

2.61~2.78회

부산·대구·광주권

2.35회

수도권

2.18~2.34회

2.30회

2006

2016

자료: 한국교통연구원. 2018.6.1. "여객통행실태 Index book(우리나라 국민 이렇게 움직인다)".

셋째, 공간을 공유할 수 있게 만드는 교통망과 그 교통망이 집적되는 시설의 위치에 대한 고민도 필요하다. 고속 철도역이든 버스 터미널이든 도심과 직접적으로 연계되어야 타 도시에도 해당 도시의 도심에 들어선 시설을 활용할 기회가 생긴다. 외곽으로 이전된 시설들을 어떻게 다시 도심으로 불러 모을지 정책적 지원이 필요하다. 단순하게 시 경계 안에 들어온 것이 접근성 해결의 기준이 되어서는 안 된다.

넷째, 이러한 공간 범위를 배정하고 관리할 기관의 주체, 또는 방식에 대한 논의도 필요하다. 일상생활을 공유하는 도시 권역의 범위가 반경 25km까지 늘어난 상황이므로 도시 하나의 단위가 아니라 여러 도시들을 동시에 다루는 공간 계획이 필요한 상황이다. 개개의 도시가 각자 파편적으로 공간 계획을 수립하기에는 개인의 생활 권역이 많이 넓어졌으며, 면적 1만 km²가 넘는 도 단위에서 수립하기에는 하나의 도에 여러 개의 권역이 존재할 수 있다.

다섯째, 수도권 분산에 대한 적극적인 논의가 필요하다. 단핵 도심화가 필요하다 했으므로 전국에도 하나의 핵, 서울에 집중해야 하는 것 아니냐는 의문을 표할 수 있지만 데이터는 그게 아님을 보여준다. 2006년에서 2016년간의 10년 동안 수도권 주민의 1인당 하루 평균 이동 횟수가 2.35회에서 2.3회로 감소할 동안, 남부 지방의 대도시 권역들은 정체된 성장과 열악한 대중교통의 환경에서도 2.18~2.34회의 경제 활동 참여 횟수가 2.61~2.78회로 급격히 성장했다. 이는 지방에 대한 투자는 생산(출근), 가사(귀가)를 넘어서 소비 분야까지 파급되지만, 장시간 통근 문제가 심각한 수도권의 투자는 생산 활동과 가사 활동에만 그친다는 의미기 때문이다. 가사 활동이 기준 구축의 한계로 GDP에 반영되지 않음을 생각하면 수치적으로는 타격이 훨씬 크다. 수도권에 대한 재정비가 일정 부분 필요한 것은 사실이지만, 수도권을 더 이상 팽창시키는 것은 수도권 주민들의 삶을 생각하더라도 받아들이기 힘들며 오히려 수도권을 재정비하기 위해서라도 적극적인 분산 정책이 필요하다.

　여섯째, 경제와 기술의 발전에 따라 삶과 통근의 양상이 어떻게 바뀔지 예측할 필요가 있다. 과거에 불가능했던 장거리 통근이 가능해진 이유는 소득의 증대와 마이카의 보급, 그리고 차량과 관련된 기술이 발전한 데에 있다. 꼭 교통수단에 관한 기술만이 통근에 영향을 주는 것은 아니다. 최근 통근의 패러다임에 제일 큰 영향을 주는 신기술은 단연 IT의 발전으로 인한 재택근무이다.

　일곱째, 토지 및 공간 활용에 대한 공공성 강화에 대한 논의가 필요하다. 한국의 헌법 전문에는 "자율과 조화를 바탕으로 자유민주적 기본 질서를 더욱 확고히 해 정치·경제·사회·문화의 모든 영역에 있어서 각인의 기회를 균등히" 할 것을 명시하고 있다. 분명히 우리는 각 경제 주체의 합리적인 선택으로 현재의 공간 구조를 갖춘 것이지만, 최종적으로는 경제 구성원에게 공간적인 접근을 어렵게 해 기회의 평등을 약화시켰다. 토지 및 공간 활용에 대한 규제는 개인의 재산권에 대한 자유를 방해하는 것이 아니라, 개인에게 균등한 기회를 부여하기 위한 자유 민주적 기초 질서의 확립에 해당하므로 논의가 필요한 요소다.

조심스럽지만 과도한 경쟁의 완화에 대한 논의도 필요해 보인다. 통근 시간이 길다는 것은 공간에 대한 쟁탈전이 심함을 의미하므로, 통근 시간이 길어질수록 소득이 증가하는 크기를, 지역에 따른 세후 소득의 격차를 줄여야 함을 의미한다. 이상적인 것은 모든 사람이 자아를 실현할 수 있는 고소득 직종에 근무하는 것이지만, 현실적으로는 누군가는 사회의 기초적인 일을 해야 한다. 경쟁이 사회 발전의 원동력인 것도 사실이지만, 사회 구성원들의 미래가 포기되는 현재의 경쟁 강도가 지속 가능한지도 생각해 보아야 한다.

또한 책임론보다는 앞으로 어떻게 대응하면 좋을지에 대한 논의가 우선되길 당부한다. 미국, 유럽, 일본 역시 사회 생활상의 변화로 인해 교외화가 아닌 도심으로의 주거지 회귀 현상이 일어나고 있다. 우리는 우리대로, 다른 나라는 다른 나라대로 원인과 해결책은 다를지언정 장거리 통근이라는 숙제를 어떻게 해결할지 고민을 안고 살아가는 것뿐이다.

참고문헌

한국교통연구원. 2018.6.1. "여객통행실태 Index book(우리나라 국민 이렇게 움직인다)". https://www.ktdb.go.kr/common/pdf/web/viewer.html?file=/DATA/pblcte/20200824025919441.pdf(확인일: 2023.5.15).

김지수

카이스트 생명화학공학과를 졸업하고, 동 대학
조천식녹색교통대학원에서 석사학위를 받았다.

어그러진 도시

무엇이 우리의 출퇴근을 힘들게 하나

© 김지수, 2025

지은이 김지수
펴낸이 김종수
펴낸곳 한울엠플러스(주)
편집 김우영·조인순

초판 1쇄 인쇄 2025년 6월 10일
초판 1쇄 발행 2025년 6월 20일

주소 10881 경기도 파주시 광인사길 153 한울시소빌딩 3층
전화 031-955-0655
팩스 031-955-0656
홈페이지 www.hanulmplus.kr
등록 제406-2015-000143호

Printed in Korea.
ISBN 978-89-460-8378-3 03530

※ 책값은 겉표지에 표시되어 있습니다.